"十三五"高等职业教育规划教材

iOS 开发基础教程（Swift 版）

陈志峰　田　英　翟高粤　编著

中国铁道出版社有限公司
CHINA RAILWAY PUBLISHING HOUSE CO., LTD.

内 容 简 介

本书主要用于 iOS 移动应用开发技术的学习，全书共 6 章，内容包括：认识 iOS 开发、编写第一个 iOS 应用、听音看形识动物、找出"你我"不同、组建平面图形乐队以及争做车型识别达人等。Swift 语言是苹果公司推荐的 iOS 开发语言，本书采用 Swift 5 版本，结合 Xcode 开发工具，针对 iOS 开发过程中的声音、动画和图形处理等移动应用，最后通过使用百度 AI 开放平台提供的人工智能技术，实现车型识别功能等。

本书从实际应用出发学习 Swift 语言，有别于一般教材以语法为主干组织内容的模式，更符合学习者获取知识的认识规律。本书相对完整地介绍了 iOS 开发的新知识、新技术、新方法和新应用，同时还介绍了灵活有趣的 SwiftUI 技术，较好地满足了学习者对 iOS 开发基础技术和基本技能训练的需要。

本书适合作为高等职业学校移动应用开发（iOS）课程的教材，也可作为 iOS 开发爱好者的自学参考书。

图书在版编目（CIP）数据

iOS开发基础教程:Swift版/陈志峰, 田英, 翟高粤编著.—2版.—北京:中国铁道出版社有限公司,2021.1

"十三五"高等职业教育规划教材

ISBN 978-7-113-27504-4

Ⅰ.①i… Ⅱ.①陈… ②田… ③翟… Ⅲ.①移动终端-应用程序-程序设计-高等职业教育-教材 Ⅳ.①TN929.53

中国版本图书馆CIP数据核字（2020）第273200号

书　　名：iOS开发基础教程（Swift版）
作　　者：陈志峰　田　英　翟高粤

策　　划：汪　敏　　　　　　　　　编辑部电话：（010）83573628
责任编辑：汪　敏　李学敏
封面设计：刘　颖
责任校对：焦桂荣
责任印制：樊启鹏

出版发行：中国铁道出版社有限公司（100054，北京市西城区右安门西街 8 号）
网　　址：http://www.tdpress.com/51eds/

印　　刷：中煤（北京）印务有限公司

版　　次：2016 年 9 月第 1 版　2021 年 1 月第 2 版　2021 年 1 月第 1 次印刷
开　　本：787 mm×1 092 mm　1/16　印张：14.5　字数：290 千
书　　号：ISBN 978-7-113-27504-4
定　　价：45.00 元

版权所有　侵权必究

凡购买铁道版图书，如有印制质量问题，请与本社教材图书营销部联系调换。电话：（010）63550836
打击盗版举报电话：（010）63549461

前　言

本书主要介绍 Swift 语言开发 iOS 移动应用技术。据苹果公司 2020 年第一季度财报显示，全球活跃的 iOS 设备已经达到 15 亿台，iOS 已经成为世界最大的移动操作系统之一。目前，App Store 下载量每年都在持续增长，然而面对如此广阔的市场，国内的 iOS 开发人才却非常稀缺。

本书所采用的是苹果公司的 Swift 5 语言，其支持能力已经集成到操作系统中，也就是 ABI 稳定。Swift 语言采用了安全编程模式，支持具有现代语言的函数式、泛型、面向协议等，同时，SwiftUI 的出现使得编程更加简单、灵活和有趣。

本书注重教学规律和课堂教学，相对完整地介绍了使用 Swift 语言进行 iOS 开发的新知识、新技术、新方法和新应用，较好地满足了学习者对 iOS 开发基础技术和基本技能训练的需要。

本书有如下特色：

循序渐进：按照学生学习、认知过程，由浅入深地组织教学内容。

讲解到位：对关键技术的理论知识讲解细致，采用直观的图解方式，便于教师教学和学生自学。

注重实践：通过实例学习基本理论和编程知识后，结合音频图像处理和网络技术等，对所学技术进行深层了解，以提高读者的职业竞争力和创新力。

由于编者水平有限，时间仓促，书中疏漏及不足之处，恳请读者批评指正。

编　者

2020 年 8 月

目录

第1章 认识iOS开发 ... 1
1.1 macOS和iOS ... 2
1.2 苹果系列产品 ... 6
1.3 Objective C ... 11
1.4 Cocoa Touch ... 14
1.5 开发与学习环境 ... 17
1.6 Swift语言基础 ... 23
1.7 Swift语言实训 ... 37

第2章 编写第一个iOS应用 ... 55
2.1 第一个iOS应用程序 ... 55
2.2 Outlet和Action ... 64
2.3 iOS用户界面 ... 79
2.4 实训案例：猴子找香蕉iOS版 ... 97

第3章 听音看形识动物 ... 105
3.1 项目简介 ... 105
3.2 音频播放 ... 107
3.3 动画播放 ... 113
3.4 视频播放 ... 117
3.5 项目实现 ... 121

第4章	找出"你我"不同 128
	4.1 项目简介 128
	4.2 项目实现 130
	4.3 拓展学习：SwiftUI 148

第5章	组建平面图形乐队 156
	5.1 初识图形世界 157
	5.2 拥有自己的绘图类 164
	5.3 绘制平面几何图形 169
	5.4 奏响乐队凯歌 178

第6章	争做车型识别达人 188
	6.1 百度AI开放平台 188
	6.2 网络访问URLSession 201
	6.3 项目实现 212

附录A	用户界面要素 220

第 1 章 认识 iOS 开发

iOS 是 2007 年由苹果公司（www.apple.com）专门为 iPhone 手机开发的移动操作系统，要开发 iOS 应用程序，就需要 Mac 计算机、macOS 操作系统和 Xcode 开发环境，以及熟悉 Objective C 或者 Swift 语言。

iOS 开发涉及一系列软件开发工具，最大的特色是 Xcode 的集成开发环境。Xcode 支持多种编程语言的开发，包括 Swift、C、C++、Objective-C，以及 Java，可以编译出目前苹果公司硬件平台上的所有可执行文件。Xcode 开发 ARM 构架一体化应用程序如图 1-1 所示。

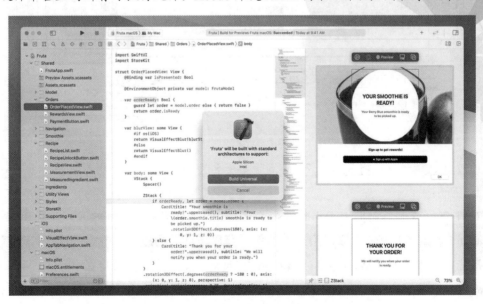

图 1-1　Xcode 开发 ARM 架构一体化应用程序

2019 年 6 月，苹果公司宣布了基于 Swift 语言构建的全新 UI 框架（SwiftUI），采用了声明式的界面语言（Domain Specific Language，DSL），具有实时预览功能，开发体验大大提升。

2020 年 6 月，苹果公司公布了 macOS Big Sur 和 Silicon ARM 计划，也就是从 Mac 计算机到手机，全系列采用自研的 ARM 架构芯片。这意味着可以一次性开发支持原生 iOS 应用和 macOS 应用，也就是说 iOS 和 iPad 应用程序可以直接在 macOS 中本地化运行。

1.1 macOS 和 iOS

1984 年，苹果公司发布了第一台 Mac 个人计算机，其操作系统为 System Software，最早使用了图形界面和用户交互设计，是图形界面设计的先驱，但后续直到 System 7，界面始终没有大改变。System 1 界面如图 1-2 所示。

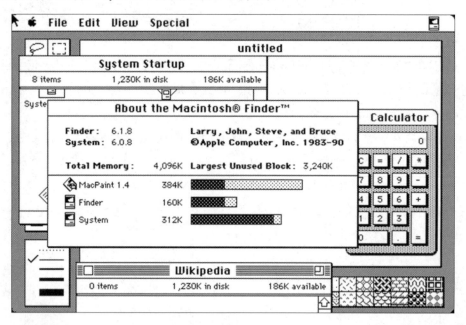

图 1-2　System 1 界面

1997 年，苹果公司将 System 7 的 7.6 版本更名为 Mac OS，这个版本就是 Mac OS 7.6，如图 1-3 所示。

2001 年，苹果公司推出了当时业界全新的 PC 操作系统 Mac OS X，并从 2002 年起随 Macintosh 计算机发售，取得用户的追捧，获得了巨大的成功。它是一套 UNIX 基础的操作系统，包含两个主要的部分：核心名为 Darwin，是以 FreeBSD 源代码和 Mach 微内核为基础，由苹果公司和独立开发者社区协力开发，以及一个称为 Aqua 的专有版权图形用户界面。Mac OS X 的界面如图 1-4 所示。

认识 iOS 开发　第 1 章

图 1-3　Mac OS 7.6 界面

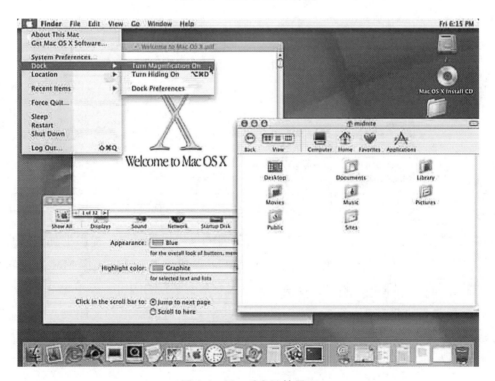

图 1-4　Mac OS X 的界面

Mac OS X Server 亦同时于 2001 年发售，架构上来说与工作站（客户端）版本相同，只有在包含的工作组管理和管理软件工具上有所差异，提供对于关键网络服务的简化访问，如邮件传输服务器、Samba 软件、LDAP 目录服务器，以及名称服务器（DNS）。同时它也有不同的授权型态。

  macOS 是苹果公司于 2016 年 6 月为 Macintosh 系列计算机开发的操作系统。2019 年 10 月，苹果公司发布了最新版 macOS Catalina，即 macOS 10.15 版本，2020 年 6 月公布了 macOS Big Sur，即 macOS 11.0 版本。图 1-5 为 macOS Catalina 和 macOS Big Sur 版本信息。

图 1-5 macOS Catalina 和 macOS Big Sur 版本信息

  macOS 系统菜单如图 1-6 所示。macOS 常用功能包括：

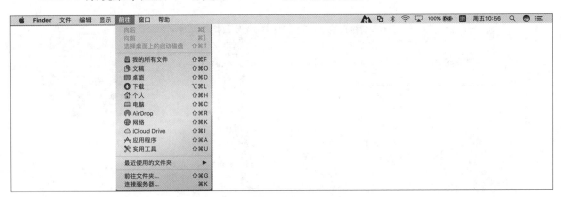

图 1-6 macOS 的系统菜单

  ①随航功能：支持使用 iPad 作为 Mac 计算机的第二块显示屏，提供更加充裕的屏幕空间，方便一边在 Mac 上编辑文档，另一边在 iPad 查找效果。或者镜像 Mac 屏幕内容，两个屏幕显示同样的画面，非常适合用来和他人分享所看到的内容。

  ②云盘共享功能：可以直接与朋友和同事共享 iCloud 云盘里的文件夹，让指定的人或者每一个人都能通过文件夹链接进行访问。当然，还可以决定哪些人能更改文件夹的内容，哪些人只有查看和下载权限。

  ③ Auto Unlock：可以使用 iPhone 和 Apple Watch 解锁 Mac，当你靠近计算机时，无须输入密码，打开计算机即可自动进入桌面。

④ Universal Clipboard：自动同步在不同设备上的剪贴板记录，可以很流畅地在手机上复制，并在计算机上粘贴。

视频播放支持画中画模式，悬浮于所有窗口之上，可自由拖动和调节窗口大小，与 iPad 上的效果一致。网页上的 HTML5 视频原生支持该模式，其他视频播放器需添加新的 API 代码来支持。

Launchpad 可迅速访问应用程序，只须点击 Dock 内的 Launchpad 图标。可以通过访问 Mac App Store，登录相应的 Apple ID 下载应用程序，下载完成后将自动出现在 Launchpad 上，随时待用，如图 1-7 所示。

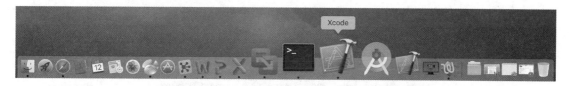

图 1-7　macOS 的 Dock

iOS 是由苹果公司开发的移动操作系统。苹果公司最早于 2007 年 1 月 9 日的 Macworld 大会上公布这个系统，最初是设计给 iPhone 使用的，后来陆续套用到 iPod touch、iPad 以及 Apple Watch 等产品上。iOS 与苹果公司的 Mac OS X 操作系统一样，属于类 UNIX 的商业操作系统。原本这个系统名为 iPhone OS，因为 iPad、iPhone、iPod touch 都使用 iPhone OS，所以 2010 WWDC 大会上宣布改名为 iOS。iPhone 上的 iOS 界面如图 1-8 所示。

图 1-8　iPhone 上的 iOS 界面

1.2 苹果系列产品

iPhone,是美国苹果公司研发的智能手机,搭载了 iOS 操作系统。2007 年 1 月 9 日,乔布斯在旧金山马士孔尼会展中心的全球软件开发者年会首次推出第一代 iPhone。两个最初型号分别是售价为 $499 的 4 GB 和 $599 的 8 GB 版本,于当地时间 2007 年 6 月 29 日下午 6 时在美国正式发售。由于刚推出的 iPhone 上市后引发热潮及销售反应热烈,部分媒体将其誉为"上帝手机"。

2019 年 9 月,苹果公司发布了 iPhone 11 系列手机,如图 1-9 所示。

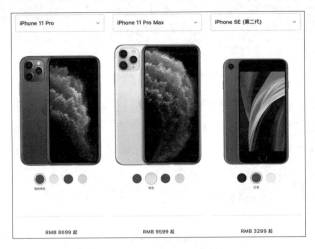

图 1-9 iPhone 11 系列手机

iPad(见图 1-10)是由苹果公司于 2010 年开始发布的平板电脑系列,由英国出生的设计主管 Jonathan Ive 领导的团队设计。iPad 定位介于苹果的智能手机 iPhone 和笔记本电脑产品之间,屏幕中有 4 个虚拟程序固定栏,与 iPhone 布局一样,提供浏览网站、收发电子邮件、观看电子书、播放音频或视频、玩游戏等功能。

图 1-10 iPad 系列平板电脑

苹果公司在 iPad 上最新推出了 Swift Playground，促进 Swift 语言在儿童和青少年编程中提供便利。iPad 上的 Swift Playground 编程环境如图 1-11 所示。

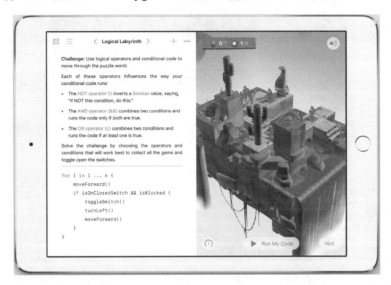

图 1-11　iPad 上的 Swift Playground 编程环境

Apple Watch 是由苹果公司 CEO Tim Cook 于 2014 年 9 月 9 日在加州库比蒂诺的 Flint 表演艺术中心公布的一款智能手表。2015 年 3 月 10 日，苹果在旧金山 Moscone Center 召开 2015 年春季新品发布会，正式发布了 Apple Watch，分为 Apple Watch、Apple Watch Sport 和 Apple Watch Edition 三个系列。

用户使用最新的 watchOS 操作系统，可以即时运行应用程序，更换多种炫酷的界面，和朋友共享你的活动等。Siri 可以通过语音识别来帮助你做更多的工作，Breathe 等应用程序可以有助于你的健康。Apple Watch 系列智能手表如图 1-12 所示。

图 1-12　Apple Watch 系列智能手表

iMac 是一款苹果计算机，针对消费者和教育市场的一体化苹果 Macintosh 计算机系列。iMac 的特点是它的设计。早在 1998 年，苹果总裁史蒂夫·乔布斯就将"What's not a computer"（不是计算机的计算机）概念应用于设计 iMac 的过程。结果造就了软糖——iMac G3，台灯——iMac G4 和像框——iMac G5。由于 iMac 在设计上的独特之处和出众的易用性，它几乎连年获奖，如图 1-13 所示。

图 1-13　iMac 计算机

每台新购买的 Mac 均配备照片、iMovie、GarageBand、Pages、Numbers 和 Keynote。让你从开启它的那一刻起，就能尽情挥洒创意。同时，还有多款精彩 APP，可用以收发电子邮件、畅游网络、发送文本信息、进行 FaceTime 视频通话，甚至还有一款专门的 APP，能够帮助用户寻找更多新的 APP。苹果计算机所提供的各种 APP 如图 1-14 所示。

图 1-14　苹果计算机所提供的各种 APP

Mac mini 由苹果公司设计，是 Mac 产品线的一员。于 2005 年 1 月 11 日的 Macworld 上公布。它低价、小巧、易用的设计，吸引了很多用户。Mac mini 最初推出了两款不同的型号，两者于 2005 年 1 月 22 日在美国推出（1 月 29 日全球发售）；2006—2012 年，Mac Mini 屡次更新；而最新版的 Mac mini，采用了 Intel Core i5 及 Intel Core i7 处理器，于 2012 年 10 月 24 日推出。和其他桌面式计算机相比，占用空间更小，能源消耗更少。Mac mini 拥有精致利落的铝合金机身以及清爽的银色外表，小巧、雅致、落落大方。它看起来如此简单，以至于很难把它和计算机联系在一起。Mac mini 不包括键盘、鼠标和显示器。Mac mini 计算机及其背板如图 1-15 所示。

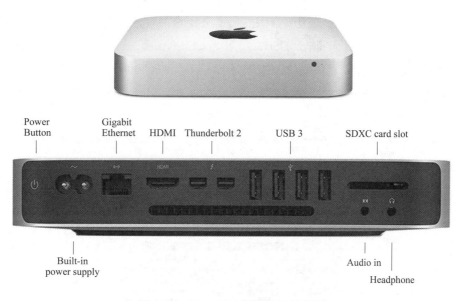

图 1-15　Mac mini 计算机及其背板

　　MacBook Air 是苹果公司在 2008 年 2 月 19 日推出的当时世界上最薄的笔记本电脑。MacBook Air 笔记本有 11.6 英寸和 13.3 英寸两个尺寸，售价从 6 288 元到 12 488 元不等。MacBook Air 在 2013 年度被美国知名媒体《商业内幕》纳入"本年度最具创新力的十大设备"。

　　MacBook Air 之所以能做到如此之薄，主要源于 LED 屏幕和特殊处理器的采用，它采用的处理器是英特尔专门为苹果定制的，这种定制的处理器也属于酷睿 2 系列，但是体积比标准的酷睿 2 处理器要小很多，功耗也低不少。

　　2010 年 10 月，苹果发布第二代 MacBook Air。这次升级使 MacBook Air 有了两种机型：传统的 13.3 英寸和新增的 11.6 英寸。它们的最大特点是用闪存代替硬盘，64 GB~256 GB 的闪存被直接嵌入主板，节省了巨大空间来存放电池，这使 13.3 英寸机型的使用时间提升到 7 小时。MacBook Air 笔记本电脑如图 1-16 所示。

图 1-16　MacBook Air 笔记本电脑

2015 年 3 月，苹果公司在美国旧金山发布了全新的 MacBook 12 英寸机型。MacBook 采用了全新的 USB-C 接口，更为简洁。USB-C 全称为 USB Type-C，属于 USB 3.0 下一代接口，其亮点在于更加纤薄的设计、更快的传输速度（最高可达 10 G bit/s）、更强的电力传输（最高 100 W），此外 USB-C 接口还支持双面插入，正反面随便插，相比 USB 2.0/USB 3.0 更为先进。

全新的 MacBook 采用全新设计，分为灰、银、金三色，12 英寸 Retina 显示分辨率为 2 304×1 440，处理器为英特尔酷睿 M 低功耗处理器。它采用无风扇设计，这也是首台无风扇的 MacBook。新 MacBook 质量约 0.91 kg，13.1 mm 厚，比现在 11 英寸的 MacBook Air 薄 24%。主板比之前版本小了 67%。触控板的压力传感器能检测到用户在面板上用了多大的力，使用创新的阶梯式电池，使电池容量大大提高。MacBook 笔记本电脑如图 1-17 所示。

图 1-17　MacBook 笔记本电脑

MacBook Pro 是苹果公司用来取代 PowerBook G4 产品线的英特尔核心的笔记型计算机。2006 年 1 月 11 日由该公司首席执行官史蒂夫·乔布斯在 MacWorld 2006 大会上发布，并已于 2006 年 2 月正式出货。MacBook Pro 与新的 iMac（酷睿）同为第一款转换为英特尔核心的产品。Intel Based 苹果计算机延续了之前经典的"咚"启动音。带有 Touch Bar 的 MacBook Pro 笔记本电脑如图 1-18 所示。

图 1-18　带有 Touch Bar 的 MacBook Pro 笔记本电脑

用户 iOS 开发一般建议购买 MacBook Pro 笔记本电脑，如果更多地考虑经济，也可以购买 MacBook Air 笔记本电脑。

1.3 Objective C

Objective-C，通常写作 ObjC 或 OC，是在 C 语言基础上扩充面向对象的编程语言，用于开发 macOS 和 iOS 应用程序，如图 1-19 所示。

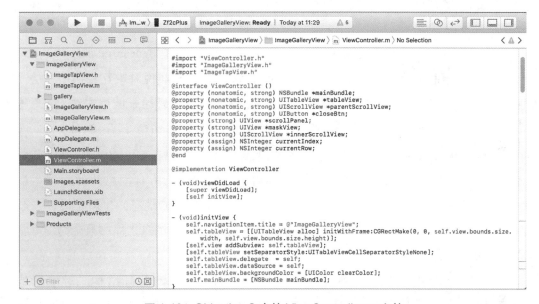

图 1-19 Objective C 中的 ViewController.m 文件

1980 年初，布莱德·考克斯在其公司 Stepstone 发明 Objective-C。Objective-C 是 C 语言的严格超集－任何 C 语言程序不经修改就可以直接通过 Objective-C 编译器，在 Objective-C 中使用 C 语言代码也是完全合法的。Objective-C 被描述为盖在 C 语言上的薄薄的覆盖层，因为 Objective-C 的原意就是在 C 语言主体上加入面向对象的特性，如表 1-1 所示。

表 1-1 Objective-C 代码的文件扩展名

扩展名	内 容 类 型
.h	头文件。头文件包含类、类型、函数和常数的声明
.m	源代码文件。这是典型的源代码文件扩展名，可以包含 Objective-C 和 C 代码
.mm	源代码文件。带有这种扩展名的源代码文件，除了可以包含 Objective-C 和 C 代码以外，还可以包含 C++ 代码。仅在 Objective-C 代码中确实需要使用 C++ 类或者特性的时候才用这种扩展名

Objective-C 的面向对象语法源于 Smalltalk 消息传递风格。所有其他非面向对象的语法，包括变量类型、预处理器（preprocessing）、流程控制、函数声明与调用，皆与 C 语言完全一致。

```
#import <Foundation/Foundation.h>
int main(int argc, char *argv[]) {
    @autoreleasepool {
        NSLog(@"Hello World!");
    }
    return 0;
}
```

Objective-C 最大的特色是承自 Smalltalk 的消息传递模型（message passing），此机制与现在的 C++ 的主流风格有很大差异。Objective-C 里，与其说对象互相调用方法，不如说对象之间互相传递消息更为精确。此二种风格的主要差异在于调用方法/消息传递这个动作。C++ 里类与方法的关系清楚，一个方法必定属于一个类，在编译时（compile time）就已经绑定，不可能调用一个不存在类里的方法。但在 Objective-C 中，调用方法视为向对象发送消息，所有方法都被视为对消息的回应。所有消息处理直到运行时（runtime）才会动态决定，并交由类自行决定如何处理收到的消息。也就是说，一个类不保证一定会响应收到的消息，如果类收到了一个无法处理的消息，程序只会抛出异常，不会出错或崩溃。

类是 Objective-C 用来封装数据，以及操作数据的行为的基础结构。对象就是类的运行期间实例，它包含了类声明的实例变量自己的内存拷贝，以及类成员的指针。Objective-C 的类规格说明包含了两个部分：定义（interface）与实现（implementation）。定义部分包含了类声明和实例变量的定义，以及类相关的方法。实现部分包含了类方法的实际代码。

C++ 调用一个方法的语法为：obj.method(argument);，而 Objective-C 则写成：[obj method: argument];。

以一个 MyClass 的类定义为例子，这个类继承自 NSObject 基础类。类声明总是由 @interface 编译选项开始，由 @end 编译选项结束。类名之后的（用冒号分隔的）是父类的名字。类的实例（或者成员）变量声明在被大括号包含的代码块中。实例变量块后面就是类声明的方法的列表。每个实例变量和方法声明都以分号结尾。类的定义文件遵循 C 语言之惯例，以 .h 为扩展名，实现文件以 .m 为扩展名。方法前面的 +/- 号代表函数的类型：加号（+）代表类方法（class method），不需要实例就可以调用，与 C++ 的静态函数（static member function）相似。减号（-）即是一般的实例方法（instance method）。Objective C 中类的声明如图 1-20 所示。

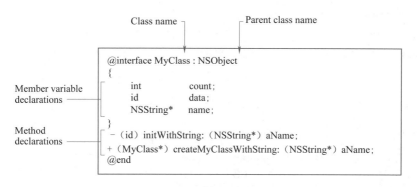

图 1-20　Objective C 中类的声明

Objective-C 创建对象需通过 alloc 以及 init 两个消息。alloc 的作用是分配内存，init 则是初始化对象。init 与 alloc 都是定义在 NSObject 里的方法，父对象收到这两个信息并做出正确回应后，新对象才创建完毕。

```
MyObject * my = [[MyObject alloc] init];
```

Objective-C 中的类可以声明两种类型的方法：实例方法和类方法。实例方法就是一个方法，它在类的一个具体实例的范围内执行。也就是说，在调用一个实例方法前，必须首先创建类的一个实例。而类方法不需要创建一个实例。

方法声明包括方法类型标识符、返回值类型、一个或多个方法标识关键字、参数类型和名信息。以图 1-21 所示的 insertObject: atIndex: 方法的声明为例，这个方法有两个参数。方法声明由一个减号（-）开始，这表明这是一个实例方法。方法实际的名字 (insertObject:atIndex:) 是所有方法标识关键的级联，包含了冒号。冒号表明了参数的出现。如果方法没有参数，可以省略第一个（也是唯一的）方法标识关键字后面的冒号。

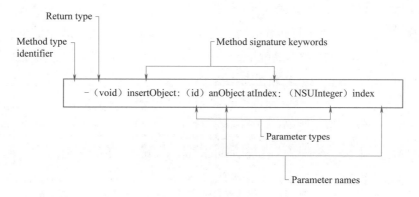

图 1-21　方法的声明

1.4 Cocoa Touch

Cocoa API 是 Mac OS X 的应用程序标准，主要包括两个方面：运行环境方面和开发方面。在运行环境方面，Cocoa 应用程序呈现 Aqua 用户界面，且和操作系统的其他可视部分紧密集成，这些部分包括 Finder、Dock 和基于所有环境的其他应用程序，如图 1-22 所示。Cocoa 无缝地成为了用户体验的一部分，在运行环境方面表现优秀。

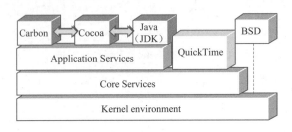

图 1-22　Cocoa 在 Mac OS X 中的位置

但是，程序员更感兴趣的是开发方面。Cocoa 是一个面向对象的软件组件／类的集成套件，它使开发者可以快速创建强壮和全功能的 Mac OS X 应用程序。这些类是可复用和可支配的软件积木，开发者可以直接使用，或者根据具体需求对其进行扩展。从用户界面对象到网络，几乎每个想象得到的开发需求都存在对应的 Cocoa 类；对于没有预想到的需求，也可以轻松地从现有类派生出子类来实现。

在各种面向对象的开发环境中，Cocoa 有着最为著名的血统。从 1989 年作为 NeXTSTEP 推出到现在，人们一直对它进行精化和测试。它优雅而强大的设计完美地适合所有类型的快速软件开发：不仅适合开发应用程序，也适合开发命令行工具、插件和不同类型的程序包。Cocoa 为应用程序提供很多行为和外观，使程序员有更多的时间用于特色功能的开发上。

核心的 Cocoa 类库封装在两个框架中，即 Foundation 和 Application Kit 框架。和所有框架一样，这两个框架不仅包含动态共享库（有时是几个兼容版本的库），还包含头文件、API 文档和相关的资源。Application Kit 和 Foundation 框架的分割反映了 Cocoa 编程接口分为图形用户界面部分和非图形接口。

iOS 开发框架相当于目录，在这个目录包含了共享库，通过访问共享库的头文件和其他图片声音等资源，被应用程序所调用。这些框架构成了 iOS 操作系统的层次架构，一共分为四层，从上到下依次为：Cocoa Touch Layer（触摸 UI 层）、MediaLayer（媒体层）、Core Services Layer（核心服务层）、Core OS Layer（核心 OS 层）。

Cocoa Touch 是从 Cocoa 发展起来，专门用于 iOS 开发而重新设计的，常见的 UIKit 和 Foundation 就位于其中，如图 1-23 所示。

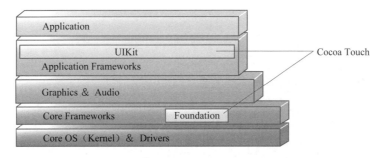

图 1-23　UIKit 和 Foundation 在 Cocoa Touch 中的位置

Foundation 框架（Foundation.framework）定义了大量的类，大体可分为：数值和字符串、数组、字典和集合、操作系统服务、处理日期和时间、内存管理、文件系统、URL、进程通信、通知、归档和序列化、处理几何数据结构（如点和长方形），如图 1-24 所示。

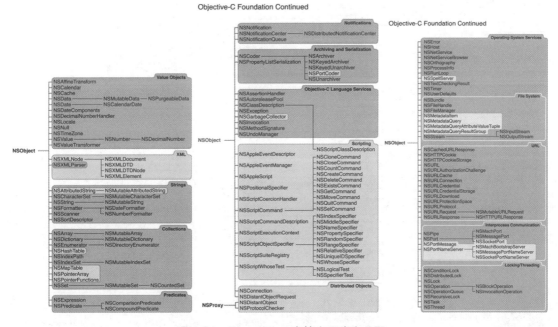

图 1-24　Foundation 库的主要类和 API

UIKit 框架（UIKit.framework）包含 iOS 中实现图形、事件驱动编程等关键架构 Objective-C 编程接口，UIkit 库的主要类和 API 如图 1-25 所示。在图中可以看出，responder 类是最大分支的根类，UIResponder 为处理响应事件和响应链定义了界面和默认行为。当用户用手指滚动列表或者在虚拟键盘上输入时，UIKit 就生成时间传送给 UIResponder 响应链，直到链中有对象处理这个事件。相应的核心对象，例如，UIApplication、UIWindow 和 UIView 都直接或间接地从 UIResponder 继承。

UIKit 实际是 Mac OS 中 Cocoa 的 AppKit 的变种。

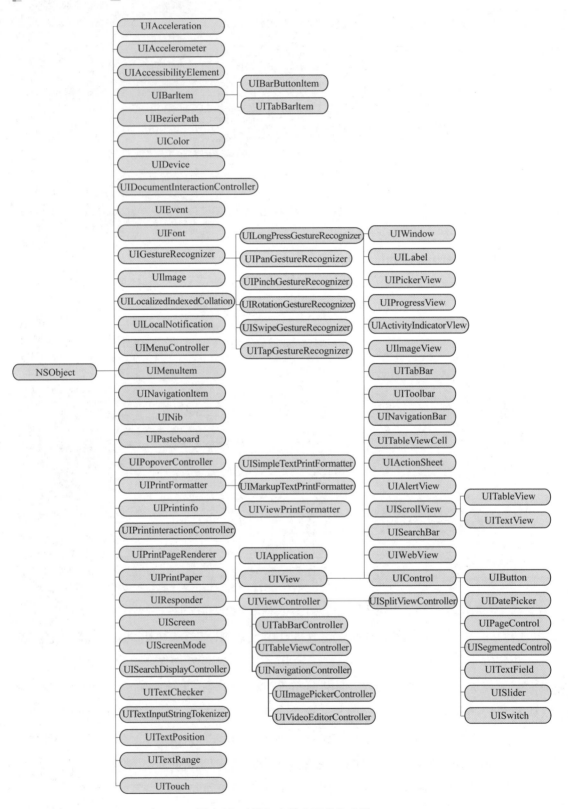

图 1-25　UIKit 库的主要类和 API

1.5 开发与学习环境

苹果公司在硬件和自身的操作系统方面提供了最好的安全性，不过这样也限制了很多开发者的便利，一般来讲，开发苹果系列产品的软件，必须拥有相应的苹果产品。

如果想开发苹果 iOS 应用程序，那就需要准备以下设备和软件：

① 苹果计算机，必须是基于 Intel 的 Macintosh 计算机。

② iPhone 或 iPod touch，主要用来测试编写好的程序，也可以使用 Xcode 中的模拟器运行调试。

③ 苹果电脑操作系统 macOS。

④ Xcode 开发工具，可以从苹果公司的 AppStore 免费下载，如图 1-26 所示。

图 1-26　苹果应用商店查找 Xcode 开发工具

1.5.1　集成开发环境 Xcode

Xcode 是什么？Xcode 是苹果公司自己开发的一款功能强大的集成开发环境 IDE，只能运行在 macOS 系统上。最新的 Xcode 11.5 集成开发环境，支持 Swift 语言版本 5，支持 SwiftUI，可以开发 iOS 13 的应用程序。

Xcode 可以编写 C、C++、Objective-C 和 Java 代码，可以生成 MacOS 支持的所有类型的执行代码，包括命令行工具、框架、插件、内核扩展、程序包和应用程序。Xcode 具有编辑代码、编译代码、调试代码、打包程序、可视化编程、性能分析、版本管理等开发过程中所有的功能。而且还支持各种插件进行功能扩展，具有丰富的快捷键，有效帮助开发人员提高效率。

Xcode 界面主要可以分成五个区域：工具栏、编辑区域、导航区域、调试输出区域和功能区域，如图 1-27 所示。

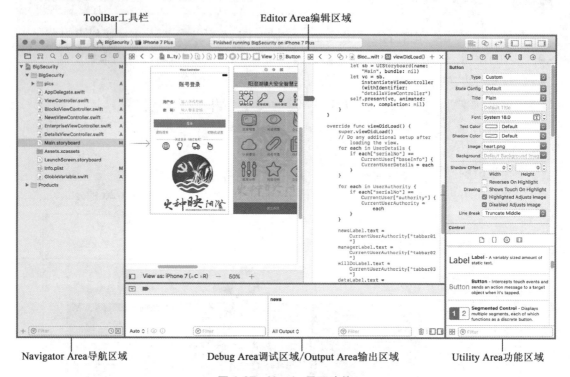

图 1-27 Xcode 界面功能

其中，工具栏主要包括快速运行程序按钮、选择模拟器或者真机按钮、标准编辑模式／辅助编辑模式／版本编辑模式、显示／隐藏左边导航区域、显示／隐藏底部调试输出区域、显示／隐藏右侧功能区域等。

编辑区域主要包括 Storyboard 编辑／源代码编辑、断点设置等。

导航区域主要包括工程的文件列表、底部文件过滤器，还有各种导航按钮：符号导航按钮、搜索导航按钮、问题导航按钮、测试导航按钮、调试导航按钮、断点导航按钮和报告导航按钮等。

调试区域和输出区域：主要是断点中断或者程序出错后，在调试区域可以显示相关的变量等内容；输出区域主要是显示程序中 print 语句输出的内容。

功能区域主要包括：文件查看器、帮助查看器、标识查看器、属性查看器、尺寸查看器、链接查看器等。

1.5.2 Linux 下的学习环境

现在，Linux 下已经可以部署 Swift 语言，用于学习和开发 Web 端程序。下面首先介绍在 Ubuntu 下如何安装部署 Swift。

第一步：访问 Swift 语言官方开源网站，下载相应文件。在浏览器中输入 http://www.swift.org，在菜单中找到 download，下载相应的文件，如图 1-28 所示。

认识 iOS 开发　第 **1** 章

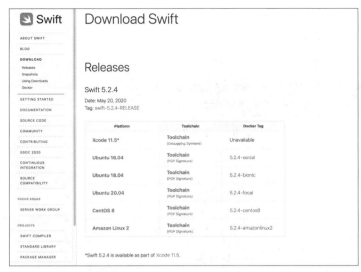

图 1-28　访问 www.swift.org 下载相应文件

第二步：运行 Ubuntu，打开 Terminal 终端，安装 clang，如图 1-29 所示。

图 1-29　安装 clang

zfchen@ubuntu:~$ sudo apt-get update

zfchen@ubuntu:~$ sudo apt-get install clang libicu-dev

zfchen@ubuntu:~$ clang --version

第三步：解压下载的 .tar.gz 文件到合适的文件夹中，如 /opt/swift-5.2.4-RELEASE-ubuntu18.04/。

第四步：设置环境变量，使用 vi 或者 vim 编辑启动文件 ~/.bashrc，在文件最后的位

19

置添加：export PATH = /opt/swift-5.2.4-RELEASE-ubuntu18.04/usr/bin:${PATH}，如图 1-30 所示。按【ESC】键，输入 wq! 保存即可。

zfchen@ubuntu:~$ sudo vim ~/.bashrc

```
zfchen@ubuntu: ~
File  Edit  View  Search  Terminal  Help

if [ -f ~/.bash_aliases ]; then
    . ~/.bash_aliases
fi

# enable programmable completion features (you don't need to enabl
e
# this, if it's already enabled in /etc/bash.bashrc and /etc/profi
le
# sources /etc/bash.bashrc).
if ! shopt -oq posix; then
  if [ -f /usr/share/bash-completion/bash_completion ]; then
    . /usr/share/bash-completion/bash_completion
  elif [ -f /etc/bash_completion ]; then
    . /etc/bash_completion
  fi
fi

export PATH=/opt/swift-5.2.4-RELEASE-ubuntu18.04/usr/bin:${PATH}

~
~
~
                                          120,0-1        Bot
```

图 1-30　VIM 编辑 ~/.bashrc 文件

第五步：在 Terminal 终端中运行 swift，然后就可以开始练习 Swift 语言了，如图 1-31 所示。

```
zfchen@ubuntu: ~
File  Edit  View  Search  Terminal  Help
Welcome to Swift version 5.2.4 (swift-5.2.4-RELEASE).
Type :help for assistance.
  1> import Foundation
  2> print("hello,world!\n")
hello,world!

  3> var total = 0
total: Int = 0
  4> for i in 0...100 {
  5.     total += i
  6. }
  7> print(total)
5050
  8> let apples = 10
apples: Int = 10
  9> let bananas = 6
bananas: Int = 6
 10> print("I have eat \(apples) apples and \(bananas) bananas")
I have eat 10 apples and 6 bananas
 11> print("Is it true?
error: repl.swift:11:7: error: unterminated string literal
print("Is it true?
      ^
```

图 1-31　Swift 语言的练习

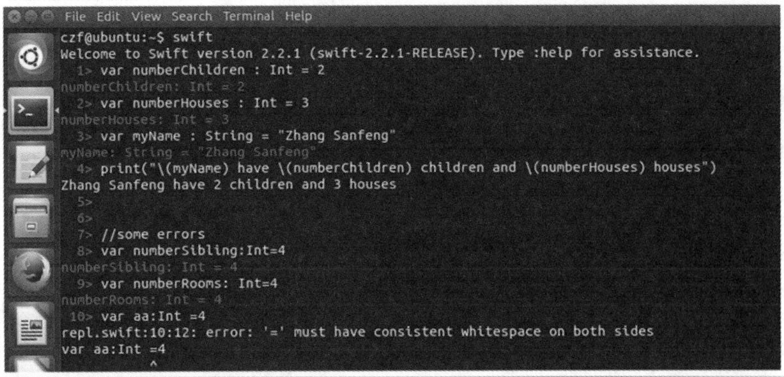

图 1-31　Swift 语言的练习（续）

当然，也可以使用编辑软件，完整输入程序代码，然后编译运行，这时候输入类似 swiftc hello.swift。如果编译成功，就可以输入 ./hello 来运行，如图 1-32 所示。

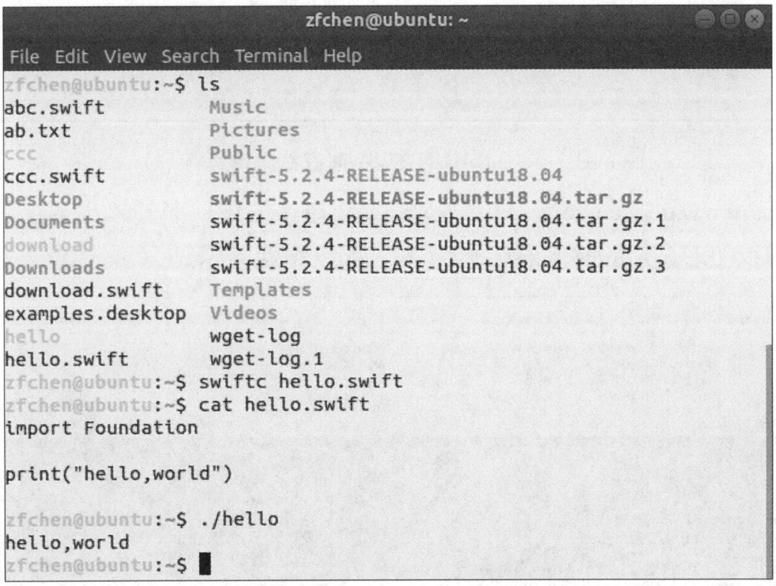

图 1-32　编译运行 hello.swift

1.5.3　在线编译学习环境

网络在线编译，就是通过网页接收用户输入的源代码，然后递交给服务器，服务器调用相应的编译器进行编译，最后在被操作系统隔离的模拟器中运行，输出结果到浏览器中显示。网络支持在线编译中最著名的当属力扣（LeetCode）网站，力扣是领扣网络旗下专注于程序员技术成长和企业技术人才服务的品牌，源自美国硅谷。力扣为全球程序员提供了专业的 IT 技术职业化提升平台，有效帮助程序员实现快速进步和长期成长。此外，力扣致力于解决程序员技术评估、培训、职业匹配的痛点，逐步引领互联网技术求职和招聘迈向专业化。

下面介绍常用的 Swift 语言在线编译学习网站。

JSRUN 提供 Swift 在线运行、Swift 在线编译工具，基于 Linux 操作系统环境提供线上编译和线上运行，具有运行快速、运行结果与常用开发和生产环境保持一致的特点。网站网址为 http://swift.jsrun.net，如图 1-33 所示。

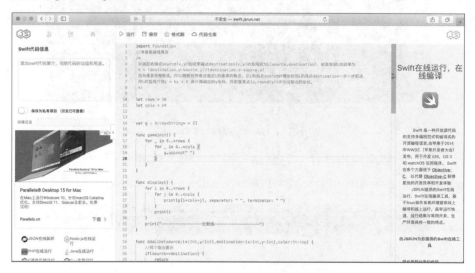

图 1-33　JSRUN 的 Swift 在线编译运行

网址 http://www.dooccn.com/swift/ 支持 Swift 在线编译，而且输出界面范围比较大，在采用字符模拟图形显示的时候有较大优势，如图 1-34 所示。

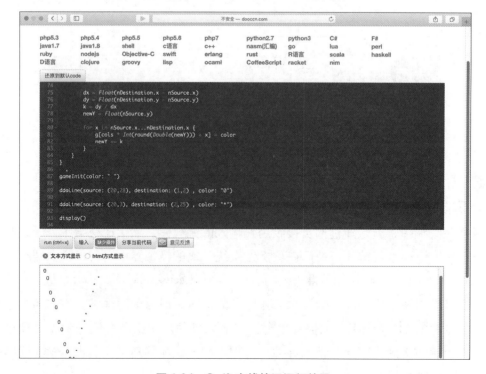

图 1-34　Swift 在线编译运行效果

1.6 Swift 语言基础

Swift 是苹果公司于 2014 年 6 月 3 日在 WWDC 2014 上发布的一门全新编程语言。Swift 语言是一门用来编写 MacOS 和 iOS 应用程序的语言，建立在 C 语言和 Objective-C 语言基础之上，没有 C 语言的兼容性限制，采用安全模型的编程架构模式，使整个编程过程更加容易和灵活，并且完全支持主流框架——Cocoa 和 Cocoa Touch 框架，现在 Swift 语言已经开源（www.swift.org）。

Swift 的开发结合了众多工程师的心血，同时也借鉴了 Objective-C、Rust、Ruby 等其他语言的优点。其核心吸引力在于 Swift 语言的交互式版本 Xcode Playgrounds 和实时代码预览 REPL 功能。Read-Eval-Print-Loop（"读取—求值—输出"循环，简称 REPL）：在 Xcode 调试控制台包括内建 Swift 使用语法来评估，并与正在运行的应用程序进行交互，或者编写新的代码，实时查看它是如何工作的一个类似脚本的环境。

Swift 使用安全的编程模式并添加了很多新特性，这将使编程更简单，扩展性更强，也更有趣。Swift 支持 Cocoa 和 Cocoa Touch 框架，通过改进了编译器、调试器和框架结构，让 Swift 使用自动引用计数（Automatic Reference Counting，ARC）来简化内存管理。

Swift 对于初学者来说也很简单。Swift 是一门既满足工业标准，又像脚本语言一样充满表现力和趣味的编程语言。Swift 支持代码预览，这个革命性的特性可以允许程序员在不编译和运行应用程序的前提下运行 Swift 代码并实时查看结果。

Swift 提供了 C 和 Objective-C 的所有基础数据类型，包含整数 Int、浮点数 Double、Float、布尔值 Bool 以及 String 字符串。同时，Swift 也提供了两种强大的集合数据类型，包括 Array（数组）和 Dictionary（字典）。

另外，Swift 引入了 Objective-C 中没有的一些高级数据类型，例如，tuples（元组），可以创建和传递一组数值。

Swift 还引入了可选项类型（Optionals），用于处理变量值不存在的情况。可选项的意思有两种：一是变量是存在的，例如等于 X；二是变量值根本不存在。Optionals 类似于 Objective-C 中指向 nil 的指针，但是适用于所有的数据类型，而非仅仅局限于类，Optionals 相比于 Objective-C 中的 nil 指针更加安全和简明，并且也是 Swift 的核心。

Swift 语言以一只灵动的雨燕为代表符号，如图 1-35 所示。

图 1-35　Swift 语言的标志

1.6.1 简单值

Swift 语言使用 let 来声明常量，使用 var 来声明变量。一个常量的值，在编译的时候，并不需要有明确的值，但是只能为它赋值一次。也就是说可以用常量来表示这样一个值：只需要决定一次，但是需要使用很多次。

```
print("Hello,world")    //向控制台输出字符串 "Hello,world"
var myVariable = 42
myVariable = 50
let myConstant = 42
```

常量或者变量的类型必须和赋给它们的值一样。然而，不用明确地声明类型，声明的同时赋值，编译器会自动推断类型。在上面的例子中，编译器推断出 myVariable 是一个整数（integer），因为它的初始值是整数。

如果初始值没有提供足够的信息（或者没有初始值），那需要在变量后面声明类型，用冒号分隔。

```
let implicitInteger = 70
let implicitDouble = 70.0
let explicitDouble: Double = 70
```

练习：创建一个常量，显式指定类型为 Float 并指定初始值为 4。

值永远不会被隐式转换为其他类型。如果需要把一个值转换成其他类型，请显式转换。

```
let label = "The width is"
let width = 94
let widthLabel = label + String(width)
```

练习：删除最后一行中的 String，错误提示是什么？

有一种更简单的把值转换成字符串的方法：把值写到括号中，并且在括号之前写一个反斜杠。例如：

```
let apples = 3
let oranges = 5
let appleSummary = "I have \(apples) apples."
let fruitSummary = "I have \(apples + oranges) pieces of fruit."
```

练习：使用 \() 把一个浮点计算转换成字符串，并加上某人的名字，和他打个招呼。

使用方括号 [] 创建数组和字典，并使用下标或者键（key）来访问元素。最后一个元素后面允许有个逗号。

```
var shoppingList = ["catfish", "water", "tulips", "blue paint"]
shoppingList[1] = "bottle of water"

var occupations = [
    "Malcolm": "Captain",
    "Kaylee": "Mechanic",
]
occupations["Jayne"] = "Public Relations"
```

要创建一个空数组或者字典,使用初始化语法。

```
let emptyArray = [String]()
let emptyDictionary = [String: Float]()
```

如果类型信息可以被推断出来,可以用 [] 和 [:] 来创建空数组和空字典——就像声明变量或者给函数传参数的时候一样。

```
shoppingList = []
occupations = [:]
```

1.6.2 控制流

使用 if 和 switch 来进行条件操作,使用 for-in、for、while 和 repeat-while 来进行循环。包裹条件和循环变量括号可以省略,但是语句体的大括号是必需的。

```
let individualScores = [75, 43, 103, 87, 12]
var teamScore = 0
for score in individualScores {
    if score > 50 {
        teamScore += 3
    } else {
        teamScore += 1
    }
}
print(teamScore)
```

在 if 语句中,条件必须是一个布尔表达式,这意味着像 if score { ... } 这样的代码将报错,而不会隐形地与 0 做对比。

可以一起使用 if 和 let 来处理值缺失的情况。这些值可由可选值来代表。一个可选的值是一个具体的值或者是用 nil 表示值缺失。在类型后面加一个问号来标记这个变量的值是可选的。

```
var optionalString: String? = "Hello"
print(optionalString == nil)
```

```
var optionalName: String? = "John Appleseed"
var greeting = "Hello!"
if let name = optionalName {
    greeting = "Hello, \(name)"
}
```

练习：把 optionalName 改成 nil，greeting 会是什么？添加一个 else 语句，当 optionalName 是 nil 时，给 greeting 赋一个不同的值。

如果变量的可选值是 nil，条件会判断为 false，大括号中的代码会被跳过。如果不是 nil，会将值赋给 let 后面的常量，这样代码块中就可以使用这个值了。

另一种处理可选值的方法是通过使用 ?? 操作符来提供一个默认值。如果可选值缺失的话，可以使用默认值来代替。

```
let nickName: String? = nil
let fullName: String = "John Appleseed"
let informalGreeting = "Hi \(nickName ?? fullName)"
```

switch 支持任意类型的数据以及各种比较操作——不仅仅是整数以及测试相等。

```
let vegetable = "red pepper"
switch vegetable {
case "celery":
    print("Add some raisins and make ants on a log.")
case "cucumber", "watercress":
    print("That would make a good tea sandwich.")
case let x where x.hasSuffix("pepper"):
    print("Is it a spicy \(x)?")
default:
    print("Everything tastes good in soup.")
}
```

练习：删除 default 语句，看看会有什么错误？

注意 let 在上述例子的等式中是如何使用的，它将匹配等式的值赋给常量 x。

运行 switch 中匹配到的子句之后，程序会退出 switch 语句，并不会继续向下运行，所以不需要在每个子句结尾写 break。

可以使用 for-in 来遍历字典，需要两个变量表示每个键值对。字典是一个无序的集合，所以它们的键和值以任意顺序迭代结束。

```
let interestingNumbers = [
    "Prime": [2, 3, 5, 7, 11, 13],
    "Fibonacci": [1, 1, 2, 3, 5, 8],
    "Square": [1, 4, 9, 16, 25],
]
```

```
var largest = 0
for (kind, numbers) in interestingNumbers {
    for number in numbers {
        if number > largest {
            largest = number
        }
    }
}
print(largest)
```

练习：添加另一个变量来记录最大数字的种类（kind），同时仍然记录这个最大数字的值。

使用 while 来重复运行一段代码直到不满足条件。循环条件也可以在结尾，保证能至少循环一次。

```
var n = 2
while n < 100 {
    n = n * 2
}
print(n)

var m = 2
repeat {
    m = m * 2
} while m < 100
print(m)
```

你可以在循环中使用 ..< 来表示范围。

```
var total = 0
for i in 0..<4 {
    total += i
}
print(total)
```

使用 ..< 创建的范围不包含上界，如果想包含的话需要使用 ...。

1.6.3 函数

使用 func 声明一个函数，使用名字和参数调用函数。使用→来指定函数返回值的类型。

```
func greet(name: String, day: String) -> String {
    return "Hello \(name), today is \(day)."
}
greet("Bob", day: "Tuesday")
```

练习：删除 day 参数，添加一个参数表示今天吃了什么午饭。

使用元组让一个函数返回多个值。该元组的元素可以用名称或数字来表示。

```swift
func calculateStatistics(scores: [Int]) -> (min: Int, max: Int, sum: Int) {
    var min = scores[0]
    var max = scores[0]
    var sum = 0
    
    for score in scores {
        if score > max {
            max = score
        } else if score < min {
            min = score
        }
        sum += score
    }
    
    return (min, max, sum)
}
let statistics = calculateStatistics([5, 3, 100, 3, 9])
print(statistics.sum)
print(statistics.2)
```

函数可以带有可变个数的参数，这些参数在函数内表现为数组的形式：

```swift
func sumOf(numbers: Int...) -> Int {
    var sum = 0
    for number in numbers {
        sum += number
    }
    return sum
}
sumOf()
sumOf(42, 597, 12)
```

练习：写一个计算参数平均值的函数。

函数可以嵌套。被嵌套的函数可以访问外侧函数的变量，可以使用嵌套函数来重构一个太长或者太复杂的函数。

```swift
func returnFifteen() -> Int {
    var y = 10
    func add() {
        y += 5
    }
    add()
    return y
```

```
}
returnFifteen()
```

函数是第一等类型,这意味着函数可以作为另一个函数的返回值。

```
func makeIncrementer() -> (Int -> Int) {
    func addOne(number: Int) -> Int {
        return 1 + number
    }
    return addOne
}
var increment = makeIncrementer()
increment(7)
```

函数也可以当作参数传入另一个函数。

```
func hasAnyMatches(list: [Int], condition: Int -> Bool) -> Bool {
    for item in list {
        if condition(item) {
            return true
        }
    }
    return false
}
func lessThanTen(number: Int) -> Bool {
    return number < 10
}
var numbers = [20, 19, 7, 12]
hasAnyMatches(numbers, condition: lessThanTen)
```

1.6.4 对象和类

使用 class 和类名来创建一个类。类中属性的声明和常量、变量声明一样,唯一的区别就是它们的上下文是类。同样,方法和函数声明也一样。

```
class Shape {
    var numberOfSides = 0
    func simpleDescription() -> String {
        return "A shape with \(numberOfSides) sides."
    }
}
```

练习:使用 let 添加一个常量属性,再添加一个接收一个参数的方法。

要创建一个类的实例,在类名后面加上括号。使用点语法来访问实例的属性和方法。

```
var shape = Shape()
shape.numberOfSides = 7
var shapeDescription = shape.simpleDescription()
```

这个版本的 Shape 类缺少了一些重要的内容：一个构造函数初始化类实例。使用 init 创建一个构造器。

```
class NamedShape {
    var numberOfSides: Int = 0
    var name: String

    init(name: String) {
        self.name = name
    }

    func simpleDescription() -> String {
        return "A shape with \(numberOfSides) sides."
    }
}
```

注意，self 被用来区别实例变量。当创建实例时，像传入函数参数一样给类传入构造器的参数。每个属性都需要赋值——无论是通过声明（就像 numberOfSides）还是通过构造器（就像 name）。

如果需要在删除对象之前进行一些清理工作，使用 deinit 创建一个析构函数。

子类的定义方法是在它们的类名后面加上父类的名字，用冒号分隔。创建类的时候并不需要一个标准的根类，所以可以忽略父类。

子类如果要重写父类的方法，需要用 override 标记——如果没有添加 override 就重写父类方法，编译器会报错。编译器同样会检测 override 标记的方法是否确实在父类中。

```
class Square: NamedShape {
    var sideLength: Double

    init(sideLength: Double, name: String) {
        self.sideLength = sideLength
        super.init(name: name)
        numberOfSides = 4
    }

    func area() ->  Double {
        return sideLength * sideLength
    }

    override func simpleDescription() -> String {
        return "A square with sides of length \(sideLength)."
    }
}
let test = Square(sideLength: 5.2, name: "my test square")
test.area()
test.simpleDescription()
```

练习：创建 NamedShape 的另一个子类 Circle，构造器接收两个参数：一个是半径，一个是名称，在子类 Circle 中实现 area() 和 simpleDescription() 方法。

除了储存简单的属性之外，属性可以有 getter 和 setter。

```
class EquilateralTriangle: NamedShape {
    var sideLength: Double = 0.0

    init(sideLength: Double, name: String) {
        self.sideLength = sideLength
        super.init(name: name)
        numberOfSides = 3
    }

    var perimeter: Double {
        get {
            return 3.0 * sideLength
        }
        set {
            sideLength = newValue / 3.0
        }
    }

    override func simpleDescription() -> String {
        return "An equilateral triagle with sides of length \(sideLength)."
    }
}
var triangle = EquilateralTriangle(sideLength: 3.1, name: "a triangle")
print(triangle.perimeter)
triangle.perimeter = 9.9
print(triangle.sideLength)
```

在 perimeter 的 setter 中，新值的名字是 newValue。可以在 set 之后显式地设置一个名字。

注意 EquilateralTriangle 类的构造器执行了三步：

①设置子类声明的属性值。

②调用父类的构造器。

③改变父类定义的属性值。其他的工作比如调用方法、getters 和 setters 也可以在这个阶段完成。

如果不需要计算属性，但是仍然需要在设置一个新值之前或者之后运行代码，使用 willSet 和 didSet。

比如，下面的类确保三角形的边长总是和正方形的边长相同。

```
class TriangleAndSquare {
    var triangle: EquilateralTriangle {
        willSet {
            square.sideLength = newValue.sideLength
        }
    }
    var square: Square {
        willSet {
            triangle.sideLength = newValue.sideLength
        }
    }
    init(size: Double, name: String) {
        square = Square(sideLength: size, name: name)
        triangle = EquilateralTriangle(sideLength: size, name: name)
    }
}
var triangleAndSquare = TriangleAndSquare(size: 10, name: "another test shape")
print(triangleAndSquare.square.sideLength)
print(triangleAndSquare.triangle.sideLength)
triangleAndSquare.square = Square(sideLength: 50, name: "larger square")
print(triangleAndSquare.triangle.sideLength)
```

处理变量的可选值时，可以在操作（比如方法、属性和子脚本）之前加？。如果？之前的值是 nil，？后面的语句都会被忽略，并且整个表达式返回 nil。否则，？之后的语句都会被运行。在这两种情况下，整个表达式的值也是一个可选值。

```
let optionalSquare: Square? = Square(sideLength: 2.5, name: "optional square")
let sideLength = optionalSquare?.sideLength
```

1.6.5 枚举和结构体

使用 enum 来创建一个枚举。就像类和其他所有命名类型一样，枚举可以包含方法。

```
enum Rank: Int {
    case Ace = 1
    case Two, Three, Four, Five, Six, Seven, Eight, Nine, Ten
    case Jack, Queen, King
    func simpleDescription() -> String {
        switch self {
        case .Ace:
            return "ace"
        case .Jack:
            return "jack"
        case .Queen:
            return "queen"
        case .King:
```

```
            return "king"
        default:
            return String(self.rawValue)
        }
    }
}
let ace = Rank.Ace
let aceRawValue = ace.rawValue
```

练习：写一个函数，通过比较它们的原始值来比较两个 Rank 值。

默认情况下，Swift 按照从 0 开始每次加 1 的方式为原始值进行赋值，也可以通过显式赋值进行改变。在上面的例子中，Ace 被显式赋值为 1，并且剩下的原始值会按照顺序赋值。也可以使用字符串或者浮点数作为枚举的原始值。使用 rawValue 属性来访问一个枚举成员的原始值。

使用 init?(rawValue:) 初始化构造器，在原始值和枚举值之间进行转换。

```
if let convertedRank = Rank(rawValue: 3) {
    let threeDescription = convertedRank.simpleDescription()
}
```

枚举的成员值是实际值，并不是原始值的另一种表达方法。实际上，如果没有比较有意义的原始值，就不需要提供原始值。

```
enum Suit {
    case Spades, Hearts, Diamonds, Clubs
    func simpleDescription() -> String {
        switch self {
        case .Spades:
            return "spades"
        case .Hearts:
            return "hearts"
        case .Diamonds:
            return "diamonds"
        case .Clubs:
            return "clubs"
        }
    }
}
let hearts = Suit.Hearts
let heartsDescription = hearts.simpleDescription()
```

练习：给 Suit 添加一个 color() 方法，对 spades 和 clubs 返回"black"，对 hearts 和 diamonds 返回"red"。

注意，有两种方式可以引用 Hearts 成员：给 hearts 常量赋值时，枚举成员 Suit.Hearts

需要用全名来引用，因为常量没有显式指定类型；在 switch 里，枚举成员使用缩写 .Hearts 来引用，因为 self 的值已经知道是一个 suit，已知变量类型的情况下可以使用缩写。

使用 struct 来创建一个结构体。结构体和类有很多相同的地方，比如方法和构造器。它们之间最大的一个区别就是结构体是传值，类是传引用。

```
struct Card {
    var rank: Rank
    var suit: Suit
    func simpleDescription() -> String {
        return "The \(rank.simpleDescription()) of \(suit.simpleDescription())"
    }
}
let threeOfSpades = Card(rank: .Three, suit: .Spades)
let threeOfSpadesDescription = threeOfSpades.simpleDescription()
```

练习：给 Card 添加一个方法，创建一副完整的扑克牌并把每张牌的 rank 和 suit 对应起来。

一个枚举成员的实例可以有实例值。相同枚举成员的实例可以有不同的值。创建实例的时候传入值即可。实例值和原始值是不同的：枚举成员的原始值对于所有实例都是相同的，而且是在定义枚举的时候设置原始值。

例如，考虑从服务器获取日出和日落的时间。服务器会返回正常结果或者错误信息。

```
enum ServerResponse {
    case Result(String, String)
    case Failure(String)
}

let success = ServerResponse.Result("6:00 am", "8:09 pm")
let failure = ServerResponse.Failure("Out of cheese.")

switch success {
case let .Result(sunrise, sunset):
    let serverResponse = "Sunrise is at \(sunrise) and sunset is at \(sunset)."
case let .Failure(message):
    print("Failure... \(message)")
}
```

练习：给 ServerResponse 和 switch 添加第三种情况。

注意日升和日落时间是如何从 ServerResponse 中提取到并与 switch 的 case 相匹配的。

1.6.6 协议和扩展

使用 protocol 来声明一个协议。

```
protocol ExampleProtocol {
    var simpleDescription: String { get }
    mutating func adjust()
}
```

类、枚举和结构体都可以实现协议。

```
class SimpleClass: ExampleProtocol {
    var simpleDescription: String = "A very simple class."
    var anotherProperty: Int = 69105
    func adjust() {
        simpleDescription += "  Now 100% adjusted."
    }
}
var a = SimpleClass()
a.adjust()
let aDescription = a.simpleDescription

struct SimpleStructure: ExampleProtocol {
    var simpleDescription: String = "A simple structure"
    mutating func adjust() {
        simpleDescription += " (adjusted)"
    }
}
var b = SimpleStructure()
b.adjust()
let bDescription = b.simpleDescription
```

练习：写一个实现这个协议的枚举。

注意：声明 SimpleStructure 时 mutating 关键字用来标记一个会修改结构体的方法。SimpleClass 的声明不需要标记任何方法，因为类中的方法通常可以修改类属性（类的性质）。

使用 extension 为现有的类型添加功能，比如新的方法和计算属性。可以使用扩展在别处修改定义，甚至是从外部库或者框架引入的一个类型，使得这个类型遵循某个协议。

```
extension Int: ExampleProtocol {
    var simpleDescription: String {
        return "The number \(self)"
    }
    mutating func adjust() {
        self += 42
    }  7
}
print(7.simpleDescription)
```

练习：给 Double 类型写一个扩展，添加 absoluteValue 功能。

可以像使用其他命名类型一样使用协议名，例如，创建一个有不同类型但是都实现一个协议的对象集合。当处理类型是协议的值时，协议外定义的方法不可用。

```
let protocolValue: ExampleProtocol = a
print(protocolValue.simpleDescription)
// print(protocolValue.anotherProperty)   // Uncomment to see the error
```

即使 protocolValue 变量运行时的类型是 simpleClass，编译器会把它的类型当作 ExampleProtocol。这表示不能调用类在它实现的协议之外实现的方法或者属性。

1.6.7 错误处理

采用 ErrorType 协议的类型来表示错误。

```
enum PrinterError: ErrorType {
    case OutOfPaper
    case NoToner
    case OnFire
}
```

使用 throw 抛出一个错误并使用 throws 表示一个可以抛出错误的函数。如果在函数中抛出一个错误，这个函数会立刻返回并且调用该函数的代码会进行错误处理。

```
func sendToPrinter(printerName: String) throws -> String {
    if printerName == "Never Has Toner" {
        throw PrinterError.NoToner
    }
    return "Job sent"
}
```

有多种方式可以用来进行错误处理。一种方式是使用 do-catch。在 do 代码块中，使用 try 来标记可以抛出错误的代码。在 catch 代码块中，除非另外命名，否则错误会自动命名为 error。

```
do {
    let printerResponse = try sendToPrinter("Bi Sheng")
    print(printerResponse)
} catch {
    print(error)
}
```

练习：将 printer name 改为 "Never Has Toner"，使 sendToPrinter() 函数抛出错误。

可以使用多个 catch 代码块来处理特定的错误。参照 switch 中的 case 风格来写 catch。

```
do {
    let printerResponse = try sendToPrinter("Gutenberg")
    print(printerResponse)
} catch PrinterError.OnFire {
```

```
        print("I'll just put this over here, with the rest of the fire.")
    } catch let printerError as PrinterError {
        print("Printer error: \(printerError).")
    } catch {
        print(error)
    }
```

练习：在 do 代码块中添加抛出错误的代码。需要抛出哪种错误来使第一个 catch 代码块块进行接收？怎么使第二个和第三个 catch 进行接收呢？

另一种处理错误的方式：使用 try? 将结果转换为可选的。如果函数抛出错误，该错误会被抛弃并且结果为 nil。否则，结果会是一个包含函数返回值的可选值。

```
let printerSuccess = try? sendToPrinter("Mergenthaler")
let printerFailure = try? sendToPrinter("Never Has Toner")
```

使用 defer 代码块来表示在函数返回前，函数中最后执行的代码。无论函数是否会抛出错误，这段代码都将执行。使用 defer，可以把函数调用之初就要执行的代码和函数调用结束时的扫尾代码写在一起，虽然这两者的执行时间截然不同。

```
var fridgeIsOpen = false
let fridgeContent = ["milk", "eggs", "leftovers"]

func fridgeContains(itemName: String) -> Bool {
    fridgeIsOpen = true
    defer {
        fridgeIsOpen = false
    }

    let result = fridgeContent.contains(itemName)
    return result
}
fridgeContains("banana")
print(fridgeIsOpen)
```

1.7 Swift 语言实训

1.7.1 实训环境 Playground

Playground 是苹果在 Xcode 中添加的新功能。使用 Xcode 创建工程编写和运行程序，目的是为了使最终的程序编译和发布，而使用 Playground 的目的是为了学习、测试算法、验证想法和可视化地看到运行结果。

用户可以直接在 Playground 中输入代码，快速熟悉各种代码的用法，调试各种函数，完成各种功能，然后就可以将代码直接使用到 Xcode 的工程中，大大节省开发调试时间。

通常情况下，我们直接在 Playground 上面写代码，然后编译器会实时编译代码，并将结果显示出来，可以实时得到代码的反馈。

但是这也会产生一个问题，如果我们写了一个函数，或者自定义了一个 view，这部分代码一般情况下是不会变的，而编译器却会一次又一次地去编译这些代码，最终的结果就是效率低下。

这时，Sources 目录就派上用场了，使用 Cmd+1 打开项目导航栏（Project Navigator），可以看到一个 Sources 目录。放到此目录下的源文件会被编译成模块（module）并自动导入到 Playground 中，并且这个编译只会进行一次（或者我们对该目录下的文件进行修改时），而非每次输入一个字母就编译一次。这将会大大提高代码执行的效率。

注意：由于此目录下的文件都是被编译成模块导入的，只有被设置成 public 的类型，属性或方法才能在 Playground 中使用。

由于 Playground 并没有使用沙盒机制，所以无法直接使用沙盒来存储资源文件。

但是，这并不意味着在 Playground 中没办法使用资源文件，Playground 提供了两个地方来存储资源：一个是每个 Playground 都独立的资源，而另一个是所有 Playground 都共享的资源。

在打开的项目导航栏中可以看到一个 Resources 目录，放置到此目录下的资源是每个 Playground 独立的。

这个目录的资源是直接放到 mainBundle 中的，可以使用如下代码来获取资源路径：

```
if let path = Bundle.main.path(forResource: "example", ofType: "json") {
    // do something with json
    // ...
}
```

如果是图片文件，也可以直接使用 UIImage(named:) 来获取。共享资源的目录是放在用户目录的 "Documents" 目录下的。在代码中可以直接使用 XCPlaygroundSharedDataDirectoryURL 来获取共享资源目录的 URL（需要先导入 XCPlayground 模块）。

```
import XCPlaygroud  let sharedFileURL = XCPlaygroundSharedDataDirectoryURL.URLByAppendingPathComponent ("example.json")
```

注意：需要创建 ~/Documents/Shared Playground Data 目录，并将资源放到此目录下，才能在 Playground 中获取到。

1. 启动 Xcode

在 macOS 中找到 Xcode，然后运行。启动 Xcode 的常见方法有：从 Dock 中找到 Xcode 图标；从 Launch Pad 中找到 Xcode 图标；在 Spotlight 搜索中输入 Xcode，通过查找方式，找到 Xcode，双击即可运行，如图 1-36 所示。

图 1-36　从 Spotlight 搜索中运行 Xcode

2. 启动 Playground（Get Started with a playground）

Xcode 的欢迎界面有三个选项：新建一个 playground 程序（Get Started with a playground）、新建一个 Xcode 工程（Create a new Xcode project）和克隆一个存在的工程（Clone an existing project）。此处选择新建一个 playground 程序，如图 1-37 所示。从欢迎界面，还可以了解到当前 Xcode 的版本为 11.5。

图 1-37　新建 Playground

3. 选择 playground 的模板（Choose a template）

模板可以支持三个开发平台（Platform）：iOS、tvOS 和 macOS。选择 iOS → Blank 选项，如图 1-38 所示。

图 1-38 选择 playground 的模板

4. 选择存放位置，输入文件名称

在 Save As 文本框中输入工程名称，默认为 MyPlayground，Where 文本框中选择存放位置，然后单击"生成"（Create）按钮，如图 1-39 所示。

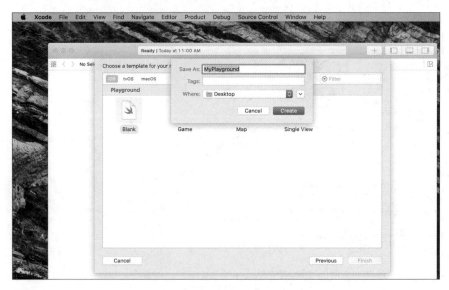

图 1-39 输入文件名称和存放位置

5. Playground 运行界面

Playground 运行界面如图 1-40 所示，其中①区域是代码编写视图；②区域是控制台视图，使用 print 等日志函数将结果输出到控制台，可以通过左下角的按钮隐藏和显示控制台；③区域是时间轴视图；④区域是文件目录结构（图片等文件就是拖放到这个位置）。

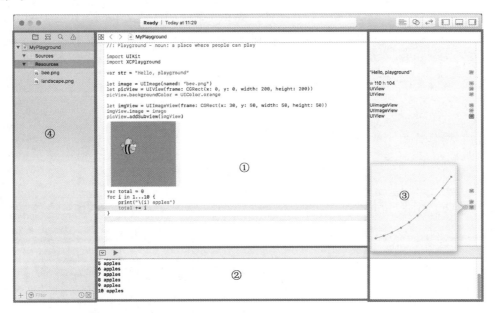

图 1-40 playground 运行界面

另外，苹果公司在 2016 年 6 月 14 日苹果全球开发者大会上发布的 iPad 应用 Swift Playground，现在也支持苹果计算机了，如图 1-41 所示，主要满足青少年编程学习的需要。

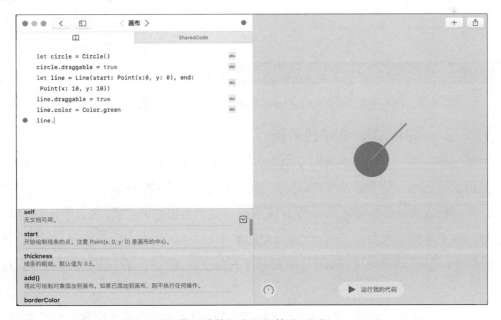

图 1-41 苹果计算机上运行的 Swift Playground

在 iPad 上，Swift Playground 应用通过各种游戏让小孩子享受编程带来的乐趣，使编程成为小孩子们今后生活的必备技能。其应用如图 1-42 所示。

Swift Playground 的设计比较简单，主要分为 8 个大类的功能：let 语句、var 语句、for 循环、while 循环、repeat 循环、if 条件、switch 条件和自定义 func，如图 1-43 所示。

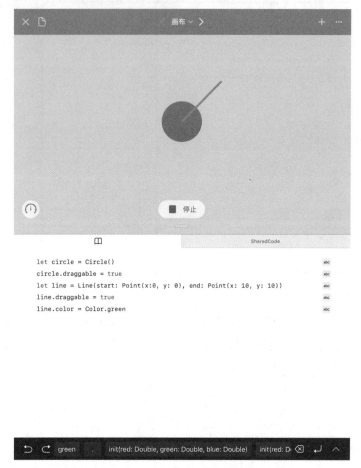

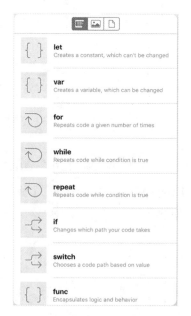

图 1-42　iPad 上的 Swift Playground 应用　　　　图 1-43　Swift Playground 的功能

1.7.2　实训案例：猴子找香蕉

主要功能：在一片郁郁葱葱的草地上，一只猴子在寻找它喜欢吃的食物（香蕉），只能使用前进一步、左转、右转等命令，希望你能通过一系列命令，让猴子尽快吃到香蕉。猴子找香蕉及其数组表示如图 1-44 所示，其中数组中的"0"代表草地，"B"代表香蕉。猴子是有方向的，"<"代表向左的猴子，">"代表向右的猴子，"∧"代表向上的猴子，"∨"代表向下的猴子。给定猴子的命令只有三种，分别是：前进 1 步，左转，右转。

因此，任务是如何通过 Swift 语言把这个猴子找香蕉的过程表达出来。现在还没有编程实现图形化的能力，所以现阶段采用字母、数字等这样一个数组方式来表达。

```
0 0 0 0 0
0 0 0 < 0
0 0 0 0 0
0 B 0 0 0
0 0 0 0 0
0 0 0 0 0
0 0 B 0 0
0 0 0 0 0
0 0 0 0 0
```

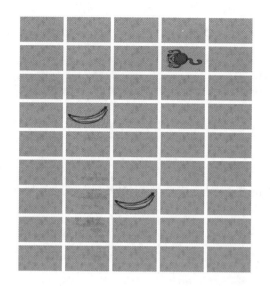

图 1-44　猴子找香蕉及其数组表示

下面就通过一系列数组中字符的变化来说明这个过程：猴子前进 1 步，前进 1 步，左转，前进 1 步，前进 1 步，就吃到了其中一个香蕉，如图 1-45 所示。

```
0 0 0 0 0   0 0 0 0 0   0 0 0 0 0   0 0 0 0 0   0 0 0 0 0
0 0 < - 0   0 < - - 0   0 v - - 0   0 | - - 0   0 | - - 0
0 0 0 0 0   0 0 0 0 0   0 0 0 0 0   0 v 0 0 0   0 | 0 0 0
0 B 0 0 0   0 B 0 0 0   0 B 0 0 0   0 B 0 0 0   0 v 0 0 0
0 0 0 0 0   0 0 0 0 0   0 0 0 0 0   0 0 0 0 0   0 0 0 0 0
0 0 0 0 0   0 0 0 0 0   0 0 0 0 0   0 0 0 0 0   0 0 0 0 0
0 0 B 0 0   0 0 B 0 0   0 0 B 0 0   0 0 B 0 0   0 0 B 0 0
0 0 0 0 0   0 0 0 0 0   0 0 0 0 0   0 0 0 0 0   0 0 0 0 0
0 0 0 0 0   0 0 0 0 0   0 0 0 0 0   0 0 0 0 0   0 0 0 0 0
```

图 1-45　猴子前进 2 步，左转，再前进 2 步的数组内容变化过程

首先，定义好这个草地的范围，也就是行数和列数，整个草地，包括其中的猴子、香蕉，保存到一个数组 group 中，这个数组的元素类型为字符串，初始化为空数组。

```
//定义行数和列数
let rows = 9
let cols = 5
//定义一个一维空数组，用于保存
var group : Array<String> = []
```

那么如何按照给定的行数和列数，把这个数组设定为一片草地呢？当然，为了防止数组中有其他数值存在，所以，初始化草地时，采用了数组类的 romveAll() 函数来清空数组，用于确保草地上别无他物。

```swift
// 函数1：初始化草地
func initGame(){
    group.removeAll()  // 用于清空数组
    for _ in 0..<rows {
        for _ in 0..<cols {
            group.append("0")
        }
    }
}
```

草地初始化后，我们如何才能观察到这片草地的情况呢？这就需要我们准备一个显示草地区域情况的函数。

```swift
// 函数2：显示草地区域的内容
func display(){
    for i in 0..<rows {
        for j in 0..<cols {
            // 字符间有一个空格，这样就容易区分
            print(group[i*cols+j], separator: " ", terminator: " ")
        }
        // 输出一个空行
        print()
    }
}
```

草地除了草，就一无所有，所以现在要向里面指定的位置放置物体。这个函数就需要指定参数，包括行号、列号和放置代表物体的字符。

```swift
// 函数3：在指定位置添加一个物体， ^ v < > B
func setObject(row:Int,col:Int,objectID: String) {
    if row>=rows || col>=cols {
        return
    }
    group[row*cols+col] = objectID
}
```

这样，我们可以通过调用上面的三个函数来实现图1-44的效果了。

```swift
/* 效果：初始化并显示
首先调用初始化草地函数，然后调用放置函数在（行号1，列号3）放置一个猴子，
在（行号3，列号1）放置一个香蕉，在（行号6，列号2）放置一个香蕉，
最后显示这个效果。
*/
//-- 调用程序开始 --
initGame()
setObject(row: 1, col: 3, objectID: "<")
```

```
            setObject(row: 3, col: 1, objectID: "B")
            setObject(row: 6, col: 2, objectID: "B")
            display()
//-- 调用程序结束 --
```

在实现基本效果后,下一步要通过前进1步命令和左转、右转命令,来实现最终效果。

因为我们可以通过眼睛来观察猴子的位置,但在程序编写中,如何来获知当前猴子所在的位置和猴子的朝向呢?这个就需要建立一个新的函数。

```
// 函数 4: 获知猴子所在位置和状态
    func findMonkey()->(Int,Int,String) {
        for i in 0..<rows {
            for j in 0..<cols {
                let value = group[i*cols+j]
                switch value {
                case "^":
                    return (i,j,"up")
                case "v":
                    return(i,j,"down")
                case "<":
                    return(i,j,"left")
                case ">":
                    return(i,j,"right")
                default:
                    print()
                }
            }
        }
        return(0,0,"none")
    }
```

在获知猴子的位置和朝向等信息后,我们就可以根据猴子现在的位置,决定猴子前进1步后新的位置。

```
// 函数 5: 猴子前进 1 步
    func step() {
        var (row,col,status) = findMonkey()
        switch status {
        case "up":
            if row > 0 {
                group[row*cols+col]="|"
                row -= 1
                group[row*cols+col]="^"
            }
        case "down":
            if row < rows-1 {
```

```
                group[row*cols+col]="|"
                row += 1
                group[row*cols+col]="v"
            }
        case "left":
            if col > 0 {
                group[row*cols+col]="-"
                col -= 1
                group[row*cols+col]="<"
            }
        case "right":
            if col < cols-1 {
                group[row*cols+col]="-"
                col += 1
                group[row*cols+col]=">"
            }
        default:
            print()
        }
    }
```

当然，获得当前猴子信息后，我们也可以方便地设计出左转和右转函数了。

```
// 函数6：猴子转向
    func turn(direction:String){
        let (row,col,status) = findMonkey()
        if direction == "left" {
            switch status {
            case "up":
                group[row*cols+col] = "<"
            case "down":
                group[row*cols+col] = ">"
            case "left":
                group[row*cols+col] = "v"
            case "right":
                group[row*cols+col] = "^"
            default:
                print()
            }

        }
        else if direction=="right" {
            print(row,col,status)
            switch status {
            case "up":
```

```
                group[row*cols+col] = ">"
            case "down":
                group[row*cols+col] = "<"
            case "left":
                group[row*cols+col] = "^"
            case "right":
                group[row*cols+col] = "v"
            default:
                print()
            }
        }
    }
```

最后，我们可以依此调用若干个函数，来实现图 1-45 所示效果。

```
/* 效果：初始化，然后猴子通过一系列命令找到了香蕉
首先调用初始化草地函数，然后调用放置函数在（行号 1，列号 3）放置一个猴子，
在（行号 3，列号 1）放置一个香蕉，在（行号 6，列号 2）放置一个香蕉，
显示这个效果；
猴子前进 1 步，前进 1 步，左转，前进 1 步，前进 1 步，最后吃到了香蕉。
*/
            //-- 调用程序开始 --
            initGame()
            setObject(row: 1, col: 3, objectID: "<")
            setObject(row: 3, col: 1, objectID: "B")
            setObject(row: 6, col: 2, objectID: "B")
            display()
            step()
            step()
            turn(direction: "left")
            step()
            step()
            display()
            //-- 调用程序结束 --
```

1.7.3 实训案例：找不同

有两个一样大小（9×5）的背景图形，也就是每个图形都是由 45 个格子组成，其中有 5 个格子是干扰项，3 个是不同项。所谓干扰项就是在两个图形的相同位置，字符是一致的；所谓不同项就是在两个图形的相同位置，字符是不一样的。这样问题可以归纳为 45 个格子中有 8 个随机位置，其中 5 个位置上下两个图形是一样的字符，另外 3 个则是上下不同的，我们要快速找出这 3 个不同项。假设图形中的每个字符可以是任何字母，而 8 个随机位置中的字符则只能是"B""∧""∨""<"">"。"找不同"实训要求如图 1-46 所示。

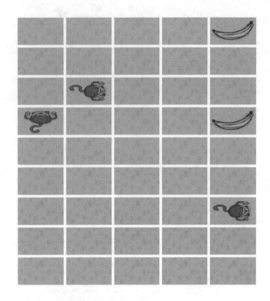

```
up image begin---
a a a a B
a a a a a
a > a a a
^ a a a B
a a a a a
a a a a a
a a a a >
a a a a a
a a a a a
up image end-----
down image begin-
a a a a B
a a a a a
a > v a a
^ a a a B
a ^ a a a
a a a a a
a a a a a
a a a a a
down image end --
```

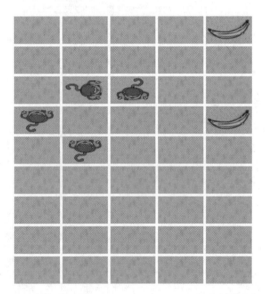

图 1-46 "找不同"实训要求示意图

```
// 数据定义部分 --
// 定义行数和列数
let rows = 9
let cols = 5
// 定义干扰项数量
let distractorMount = 5
// 定义不同项数量
let differentMount = 3
// 定义上下两个图形数组
var iv1 : Array<String> = []
```

```swift
var iv2 : Array<String> = []
// 定义上下相同的干扰项数组
var cords : Array<(Int,Int)> = []
// 定义上下不同项的数组
var errorCords : Array<(Int,Int)> = []
// 干扰项和不同项只能是 B, ^, v, >, <
let images : Array<String> = ["B","^","v",">","<"]
// 数据定义结束 --

// 函数 1: 初始化图形
func initGame() {
    iv1.removeAll()
    iv2.removeAll()
    for _ in 0..<rows {
        for _ in 0..<cols {
            iv1.append("a")
            iv2.append("a")
        }
    }
}

// 函数 2: 显示
func display(){
    print("up image begin-----")
    for i in 0..<rows {
        for j in 0..<cols {
            print(iv1[i*cols+j], separator: " ", terminator: " ")
        }
        print()
    }
    print("up image end------")
    print("down image begin----")
    for i in 0..<rows {
        for j in 0..<cols {
            print(iv2[i*cols+j], separator: " ", terminator: " ")
        }
        print()
    }
    print("down image end ----")
}

// 函数 3: 生成干扰项的随机位置和随机内容
func distractorCreate(mount:Int){
    for _ in 0..<mount {
        let col = Int(arc4random()) % cols
        let row = Int(arc4random()) % rows
```

```
        cords.append((row,col))
        // 从 images 提供的字符中选择一个
        let index = Int(arc4random()) % images.count
        // 影响 iv1 和 iv2 这两个图形
        iv1[cols*row + col] = images[index]
        iv2[cols*row + col] = images[index]
    }
}

// 函数 4：生成不同项的随机位置和随机内容
func differenceCreate(mount:Int){
    for _ in 0..<mount {
        let col = Int(arc4random()) % cols
        let row = Int(arc4random()) % rows

        errorCords.append((row,col))
        // 从 images 提供的字符中选择一个
        let index = Int(arc4random()) % images.count
        // 选择上面图形，还是下面图形？
        let which = Int(arc4random()) % 2
        // 影响 iv1 和 iv2 这两个图形
        if which == 0 {
            iv1[cols*row + col] = images[index]
        }
        else {
            iv2[cols*row + col] = images[index]
        }
    }
}
```

1.7.4 实训案例：DDA 画线算法

这个实训中，采用了常用图形算法中的 DDA (Digital Differential Analyzer) 画线算法，就是在一个坐标轴上以单位间隔对线段进行取样，从而确定另一最靠近路径对应的整数值。其实质就是利用增量思想使得在确定直线中每个点的坐标时只进行一次加法运算，因此运算速度很快。当然由于直线的斜率有可能是小数，在计算出坐标后的数值进行了取整，精度相对不高，也不利于硬件实现。

首先，线段每一个像素的坐标都是整数，这跟显示器的分辨率有关。另外，如果单纯用数学方法可以直接推断出每一个 x 和 y，首先计算机要考虑效率问题，单纯的数学方法需要用到乘法运算，甚至三角函数的运算，这样效率会大打折扣，单纯运用简单的加法、减法运算来绘制直线，效率相对较高。

DDA 算法的基础就是初中数学中的直线方程 $y=kx+b$。由此可以得到直线斜率 $k=dy/dx$（其中：$dy=y2-y1$，$dx=x2-x1$）。进一步得到 $k=(y2-y1)/(x2-x1)$。也就是说，如果知道平面坐标系内的任意不同的两点，就能得到其二元一次方程。然后，根据 x 坐标从 $x1$ 到 $x2$ 依次递进，就可以根据斜率 k 计算得到一个 y，将这个 y 四舍五入取整。不断重复，就得到了与 x 变化所对应的 y。这些 x，y 坐标组合在一起就可以画出一条直线段。

我们以从（2，3）到（17，12）画直线段为例：$k=(y2-y1)/(x2-x1)=(12-3)/(17-2)=9/15=0.6$，分别计算 x 从 2 到 17，每次递增 1，获得对应的 y 整数值。公式 $y=kx+b$，代入相关数值 $3=0.6×2+b$，计算 b 的数值为 1.8。计算过程如图 1-47 所示。

x	k	$y=kx+b=$ $0.6x+1.8$	Y 取整
2	0.6	1.2+1.8=3	3
3	0.6	1.8+1.8=3.6	4
4	0.6	2.4+1.8=4.2	4
5	0.6	3.0+1.8=4.8	5
6	0.6	3.6+1.8=5.4	5
7	0.6	4.2+1.8=6.0	6
8	0.6	4.8+1.8=6.6	7
9	0.6	5.4+1.8=7.2	7
10	0.6	6.0+1.8=7.8	8
11	0.6	6.6+1.8=8.4	8
12	0.6	7.2+1.8=9.0	9
13	0.6	7.8+1.8=9.6	10
14	0.6	8.4+1.8=10.2	10
15	0.6	9.0+1.8=10.8	11
16	0.6	9.6+1.8=11.4	11
17	0.6	10.2+1.8=12.0	12

DDA 算法绘制的直线段 (2,3)->(17,12)
注意：原点 (0,0) 在左上角，x 轴从左到右增大，y 轴从上到下增大

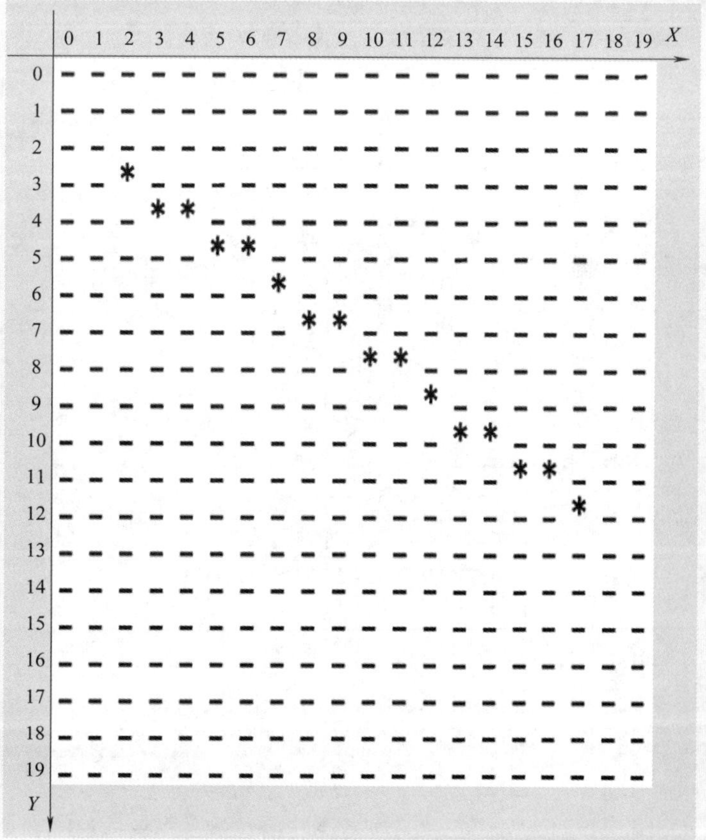

图 1-47　直线段（2,3）到（17,12）的 DDA 画线算法计算过程

优化：可以通过对 dx 和 dy 的判断，确定线段是近 Y 轴线还是近 X 轴线，根据长的轴来进行循环运算，这样就不会出现线的空洞；根据 x 和 y 的长度除以其中比较长的长度值（即循环总步数）求出每进一步 x 和 y 的增长值，通过加上自增值之后四舍五入，即可确定 x 和 y 的坐标，通过循环可以绘制出线段的每一个点。

```swift
import Foundation
//DDA画线算法
/*
   设画起始端点source(x,y)到结束端点destination(x,y)的直线段为L(source,
destination)，则直线段L的斜率为
     k = (destination.y-source.y)/(destination.x-source.x)
   因为像素是整数值，所以需要找到最佳逼近L的像素的集合。从L的起点source的横坐标向
L的终点destination一步一步前进，用L的直线方程 y = kx + b 来计算响应的 y 坐标，并取像
素点 (x,round(y)) 作为当前点的坐标。
 */

let rows = 20
let cols = 20

var g : Array<String> = []

func gameInit(color:String) {
    for _ in 0..<rows {
        for _ in 0..<cols {
            g.append(color)
        }
    }
}

func display() {
    for i in 0..<rows {
        for j in 0..<cols {
            print(g[i*cols+j], separator: " ", terminator: " ")
        }
        print()
    }
    print("---------------- 分割线 --------------------")
}

func ddaLine(source:(x:Int,y:Int),destination:(x:Int,y:Int),color:String) {
    // 两个端点重合
    if(source==destination) {
```

```
        return
}
// 两个端点的 x 坐标相等
else if (source.x==destination.x){
    for newY in source.y...destination.y {
        g[cols * newY + source.x] = color
    }
}
// 两个端点的 y 坐标相等
else if (source.y==destination.y){
    for newX in source.x...destination.x {
        g[cols * source.y + newX ] = color
    }
}
// 起始点的 x 坐标大于终点的 x 坐标
else if (source.x<destination.x){
    var dx:Float = 0, dy:Float = 0
    var newY : Float = 0
    var k : Float = 0
    
    dx = Float(destination.x - source.x)
    dy = Float(destination.y - source.y)
    k = dy / dx
    newY = Float(source.y)
    
    for x in source.x...destination.x {
        g[cols * Int(round(Double(newY))) + x] = color
        newY += k
    }
}
else {
    let nDestination = source
    let nSource = destination
    
    var dx:Float = 0, dy:Float = 0
    var newY : Float = 0
    var k : Float = 0
    
    dx = Float(nDestination.x - nSource.x)
    dy = Float(nDestination.y - nSource.y)
    k = dy / dx
    newY = Float(nSource.y)
```

```
            for x in nSource.x...nDestination.x {
                g[cols * Int(round(Double(newY))) + x] = color
                newY += k
            }
        }
    }
}

//-- 调用程序开始 --
gameInit(color: "_")
display()
ddaLine(source: (2,3), destination: (17,12) , color: "*")
display()
//-- 调用程序结束 --
```

第 2 章
编写第一个 iOS 应用

"Hello, world"是指在计算机屏幕上输出"Hello,world"这行字符串的计算机程序，其中文意思是"世界，你好"。这个程序因在 Brian Kernighan 和 Dennis M. Ritchie 合著的 *The C Programme Language* 的书中使用而广泛流行。也是通过这个项目，我们要学会使用开发环境和最简单的编程来实现 iOS 应用程序。

2.1 第一个 iOS 应用程序

我们使用 Xcode 创建一个 iOS 最简单的工程项目，来熟悉一下使用 Xcode 开发 iOS 应用程序的步骤。

2.1.1 创建项目

1. 启动 Xcode

在 macOS 中找到 Xcode，然后运行。启动 Xcode 的常见方法有：从 Launch Pad 中找到 Xcode 图标；在 Spotlight 搜索中输入 Xcode，通过查找方式找到 Xcode，双击即可运行；从 Dock 中找到 Xcode 图标，如图 2-1 所示。

图 2-1　从 Dock 中运行 Xcode

2. 选择新建工程（Create a new Xcode project）

Xcode 的欢迎界面有三个选项：新建一个 playground 程序、新建一个 Xcode 工程和检查一个存在的工程，如图 2-2 所示。此处选择新建一个 Xcode 工程，即第 2 项。从欢迎界面，还可以了解到当前 Xcode 的版本为 11.6。

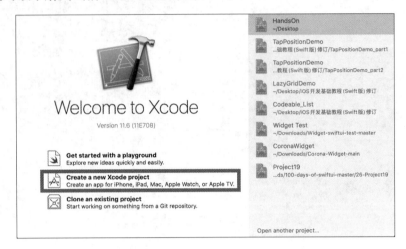

图 2-2　新建工程（Create a new Xcode project）

3. 选择工程模板（Choose a template）

工程模板有 iOS、watchOS、tvOS、macOS 和 Cross-platform 等类别。现在要开发 iOS 应用程序，则选择 iOS 大类，然后选择 Single View App 选项，如图 2-3 所示。

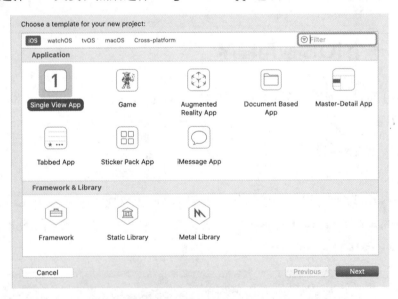

图 2-3　选择 iOS 类别的 Single View App 选项

4. 设置工程参数（Choose options）

工程参数主要包括：Product Name（工程的名称），文本框中输入 HelloWorld；Team

（团队），选择 None 选项；Organization Name（机构名称），文本框中填写 Zhifeng Chen，一般是开发者的姓名；Organization Identifier（机构标示），文本框中填写 cn.edu.szjm，一般是开发者的域名；Bundle Identifier（程序标示），不需要填写，自动生成；Language（程序语言），选择 Swift 选项；User Interface（用户界面），选择 Storyboard 选项。最后，还有三个参数，即 Use Core Data（使用 Core Data）、Include Unit Tests（包含单元测试）和 Include UI Tests（包含界面测试）等，如图 2-4 所示，可以根据实际情况勾选。

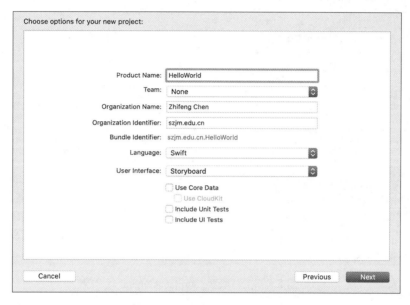

图 2-4　设置工程参数（Options）

5. 选择存放的目录路径

一般从左边区域选择保存的位置——Desktop（桌面），然后单击击 Create（生成）按钮，如图 2-5 所示。

图 2-5　选择项目保存的目录路径

6. 设置完成，出现工程概要

工程各项参数设置完成，显示 Xcode 集成环境界面，左侧为导航区域，右侧为功能区域，最上方为工具栏，下方为调试/输出区域，中间最大位置为编辑区域，也就是主要内容所在区域。工程一开始，中间部分显示内容为当前工程的概要情况，内容与 Info.plist 中相同，如图 2-6 所示。

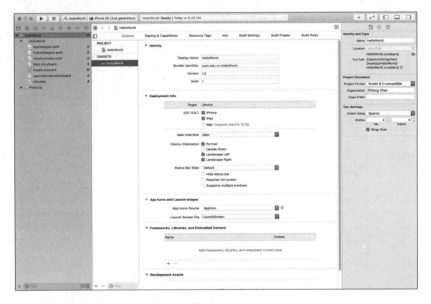

图 2-6 工程概要（Project General）

7. 选择 ViewController.swift 文件，编写代码

一般从左边菜单选择 ViewController.swift 文件（如果用户不小心双击，则会弹出一个窗口，可以关闭后重新单击），中间的编辑区域会显示这个文件的源代码。

现在用户可以在 override func viewDidLoad() 函数的相应位置，输入相应的语句：print("Hello,world")，如图 2-7 所示。

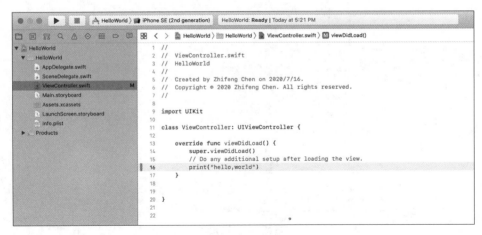

图 2-7 输入语句

8. 运行并查看输出区域结果

单击工具栏上的"运行"按钮 ▶ ，运行后，系统会自动弹出一个空白模拟器，同时在输出区域（Output Area）会出现一行文字"Hello,world"，如图 2-8 所示。

图 2-8　运行查看输出区域结果

注意：如果显示分辨率设置不够，手机模拟器会显得很大，可以用鼠标在模拟器边缘调整大小。另外，如果要让模拟器实现一些硬件操作，在模拟器的菜单中找到 Device，就可以实现手机重启、屏幕左转、右转、晃动，甚至是 Home 键等，如图 2-9 所示。

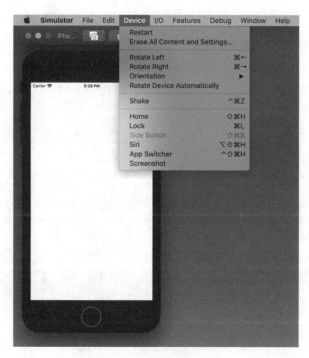

图 2-9　模拟器设备设置

9. 选择 Main.storyboard 进行界面设计

从左边导航区域选择 Main.storyboard 文件，在编辑区域会出现手机可视化设计界面。现在里面只有一个 View Controller 界面，选择菜单 View → Show Library 命令，或者直接使用快捷键【Shift+Command+L】来打开库，如图 2-10 所示。

图 2-10　可视化界面设计（Main.storyboard 中的 View Controller）

10. 拖放 Label 到 View Controller 中

从库中将 Label 控件拖放到手机界面的合适位置，如图 2-11 所示。

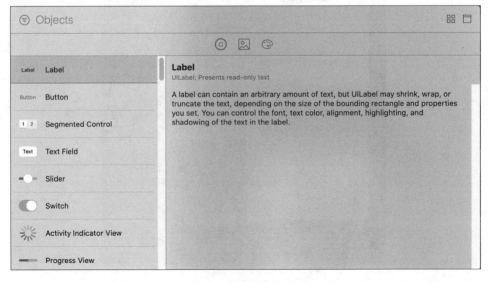

图 2-11　拖放 Label 控件

11. 修改 Label 内容

现在可以将 Lable 的内容修改为"Hello,world",双击 Label,可以修改其内容,或者在右侧功能区域相应位置修改,同时也可以调整文本的字体大小、文本颜色、是否居中、背景颜色等属性,如图 2-12 所示。

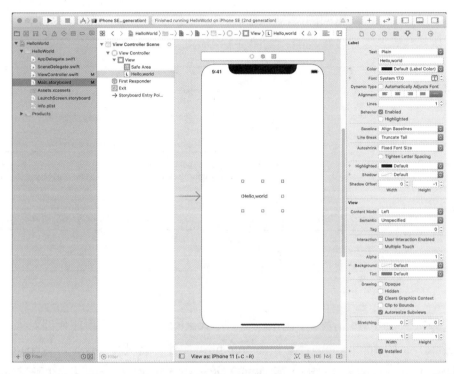

图 2-12　双击 Label 可以修改其内容为"Hello,world"

12. 运行并查看模拟器结果

运行工程,可以看到输出区域和手机模拟器的结果,如图 2-13 所示。

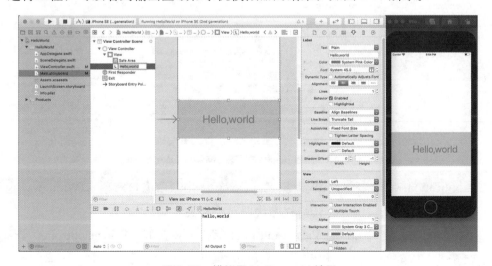

图 2-13　模拟器 Hello,world 结果

2.1.2 程序入口

iOS 其实和其他语言（Java、C）一样，也是通过一个 main 函数作为入口，main 函数封装在 UIApplication 里面，系统会自动调用，这个就是 iOS 应用程序的启动入口。

在启动过程中，UIApplication 会扫描 Info.plist，找到需要加载的入口 storyboard，例如 Main.storyboard，读取里面的 UIViewController，然后就能显示相应的界面，响应相应的事件，执行代码，处理各种功能，如图 2-14 所示。

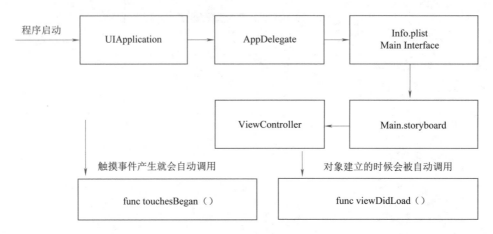

图 2-14 iOS 启动流程及事件触发

UIApplicationMain 函数调用创建一个 UIApplication 对象及程序代理对象（通常为 AppDelegate），UIApplication 对象扫描 Info.plist 文件，将其中 Main storyboard file base name 所指定的 Storyboard 文件装入（通常为 Main.storyboard），如图 2-15 所示。

图 2-15 Info.plist 指定启动 Main.storyboard

UIApplication 对象从程序代理对象 AppDelegate 中获取窗口对象 UIWindow，也可以创建一个 UIWindow 新实例并将其与程序代理对象相关联。

将 Storyboard 文件中 Initial View Controller 属性所指定的 UIViewController 实例化，并将它赋予为 UIWindow 的 root View Controller，如图 2-16 所示。

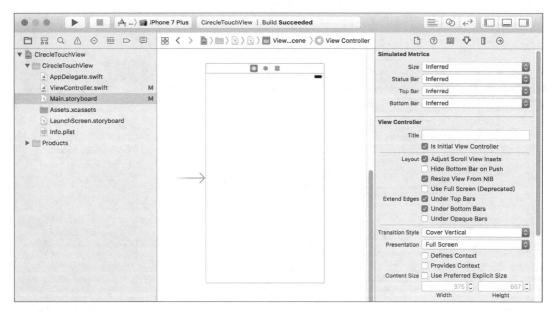

图 2-16　Main.storyboard 中的 Intial View Controller

最后向程序代理对象 AppDelegate 发送完成启动消息，以便程序员做自己的初始化工作。

从 iOS 13 开始，创建新的 Xcode 项目时，会看到 AppDelegate 分成两部分：AppDelegate.swift 和 SceneDelegate.swift。这是 iPadOS 附带的新的多窗口支持的结果，可以有效地将应用程序委托的工作分成两部分。

相比之下，scene delegate 可以处理应用程序用户界面的一个实例。因此，如果用户创建了两个显示应用程序的窗口，则将拥有两个场景，这两个场景均由同一个 APP delegate 支持，这些场景相互独立地工作。因此，应用程序不再移至后台，用户可以将一个移至后台，同时保持另一个打开状态。

在 iOS 13（及以后版本）上，SceneDelegate 将负责 AppDelegate 的某些功能。最重要的是，Window（窗口）的概念已被 scene（场景）的概念所代替。一个应用程序可以具有不止一个场景，而一个场景现在可以作为应用程序的用户界面和内容的载体（背景）。

尤其是一个具有多场景的 APP 的概念很有趣，因为它可以在 iOS 和 iPadOS 上构建多窗口应用程序。例如，文档编辑器 APP 中的每个文本文档都可以有自己的场景。用户还可以创建场景的副本，同时运行一个应用程序的多个实例（类似多开）。

在 Xcode 11 中有三个地方可以明显地看到 SceneDelegate 的身影：

① 一个新的 iOS 项目会自动创建一个 SceneDelegate 类，其中包括生命周期事件，例如 active，resign 和 disconnect。

② AppDelegate 类中多了两个与"scene sessions"相关的新方法。

③ Info.plist 文件中提供了 Application Scene Manifest 配置项，用于配置 APP 的场景，包括它们的场景配置名，delegate 类名和 storyboard，如图 2-17 所示。

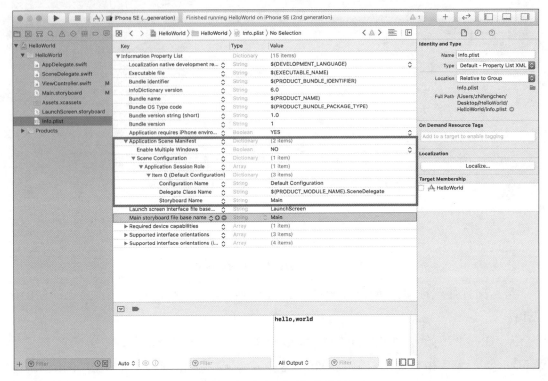

图 2-17 info.plist 相关设置

2.2 Outlet 和 Action

在 iOS 的开发中，有两个重要的概念，那就是 Outlet 和 Action，这样就很简单地把程序代码和界面组件、事件触发等连接起来了。

Outlet：一种特别定义的变量。通过 Outlet，可以从与 Outlet 命名对应的控件中取出信息，或者将新的信息赋予控件。在 Main.storyboard 中界面上配置的每个控件，都可以通过 Outlet 与代码连接，从而让程序员可以在程序中存取 Outlet 中的内容。在这里，Outlet 是将界面组件和代码变量连接的一种纽带，实现了界面组件与代码间的信息交换。

Action：一种特别定义的函数，是将触摸、晃动等行为事件与函数功能相连接。当相应的事件发生时，Action 所对应的函数内的代码将被自动执行。

所以说 IBOutlet 和 IBAction 都只是一个标记，IBOutlet 用来标记代码片段中的变量，这个变量应该是和界面中某个对象相关联的；IBAction 应该用来标记代码片段中的方法（函数），这个方法应该是和界面中的某个对象相关联的，用来响应对象应该响应的操作。

2.2.1 Outlet

Outlet 是一种特别定义的变量,在代码中对应的变量前面加上 IBOutlet 修饰标记,本身来说它只是个标记,没有什么实际意义,只是用来告诉编译器,这个变量有些特别,是个界面的 Outlet。Outlet 要和 nib 文件(也就是 storyborad 里面的界面)里面的一个对象关联起来(建立了一个 connection),一旦建立了连接,就可以在程序中进行赋值或者读取其内容了。

所以说 Outlet 是一个变量,是一个带有 Outlet 标记的变量,outlet connection 是 nib 对象创建之后,通过 nib 里面的定义,在 runtime 时,把它们关联起来的一个机制,这个关联关系建立起来之后,nib 对象就可以在程序代码中操作使用了。

下面就以一个新闻客户端的图片轮播功能为例,说明如何使用 Outlet。

在 Xcode 中,新闻客户端轮播画面设计如图 2-18 所示。简单分析可以知道,这个画面有 3 个 UI 组件构成:一个是客户端的名称"新闻客户端"(Label);一个是图片(Image View);还有一个是覆盖在图片上的新闻字幕(Label)。

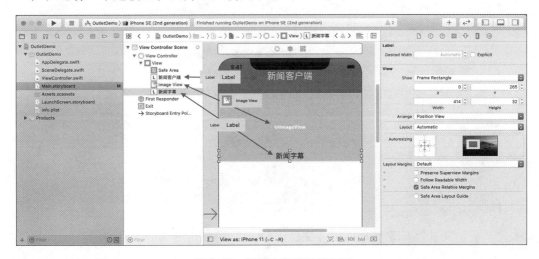

图 2-18 新闻客户端轮播画面

1. 拖放界面 UI 组件

首先,打开 Xcode,新建一个工程,Product Name 输入为 OutletDemo,Language 选择 Swift,User Interface 选择 Storyboard,如图 2-19 所示。

其次,在打开的工程的左侧导航区域中,单击文件 Main.storyboard。看到主界面后,使用快捷键【Shift+Command+L】打开库,从库中将 label 组件拖放到主界面中,如图 2-20 所示。

然后,设置 Label 的尺寸属性,通过 Label 组件选中后出现的 8 个小方块,调整尺寸大小。精准尺寸设置需要在右侧工具栏中,选中① Size Inspector,②设置 Label 的坐标为(0,0),height 高度为 100,③设置 Autosizing 为一个十字箭头,如图 2-21 所示。

图 2-19 新建工程 OutletDemo

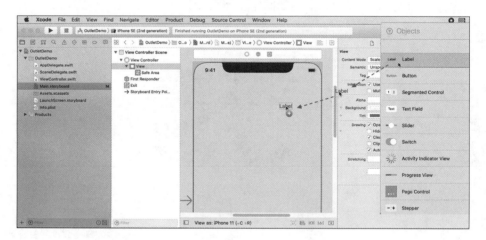

图 2-20 从库中拖放 Label 到主界面的过程演示

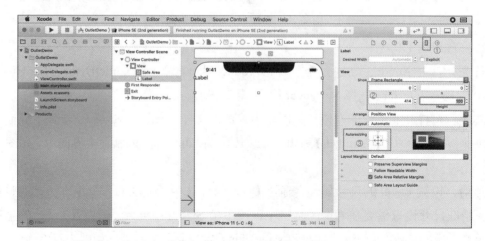

图 2-21 Label 尺寸位置 Size Inspector 的设置和 Autosizing 设置

接着，选中右侧工具栏中的 Attributes Inspector，设置 Label 的背景颜色为红色，文字内容为"新闻客户端"，文字颜色为淡黄色，字体大小为 System 28.0，如图 2-22 所示。

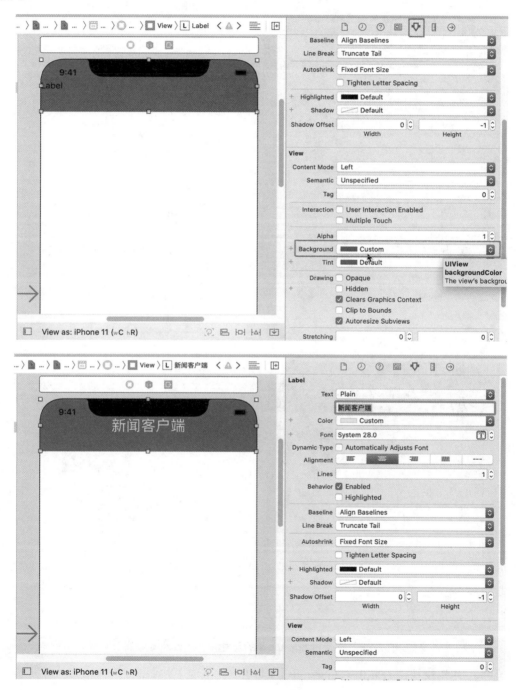

图 2-22　Label 的背景颜色等 Attributes 设置

同样的，使用快捷键【Shift+Command+L】打开库，从库中将 Image View 组件拖放到主界面中，通过 8 个小方块，初步调整好位置尺寸；在 Size Inspector 中设置 Autosizing 为十字箭头，高度为 200，如图 2-23 所示。

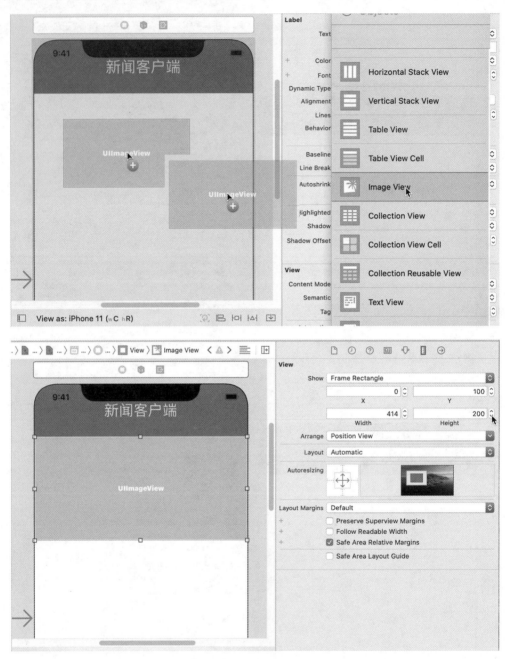

图 2-23　轮播 Image View 的尺寸和 Autosizing 设置

最后，使用快捷键【Shift+Command+L】打开库，从库中将 Lable 组件拖放到主界面中，并且放置在 Image View 的正下方位置，调整好 Label 的尺寸，作为图片的字幕，如图 2-24 所示。

第 2 章 编写第一个 iOS 应用

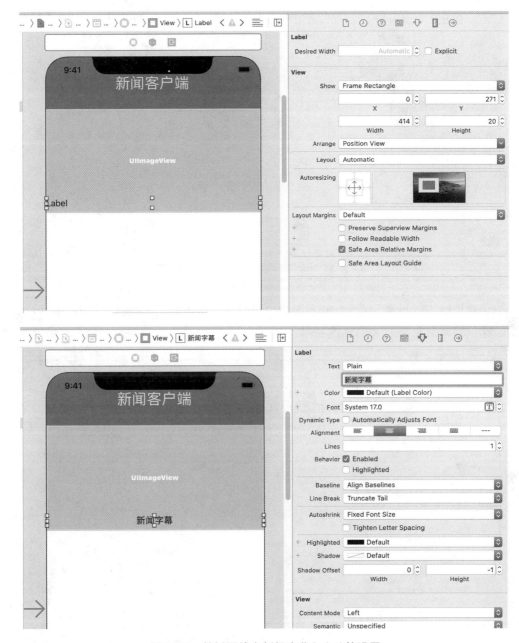

图 2-24 轮播图片上新闻字幕 Label 的设置

2. 设置 UI 组件 Outlet

现在整个界面上有三个 UI 组件，是不是都需要设置为 Outlet 用于输出呢？一般来讲，标题是固定不变的，因此"新闻客户端"这个 Label 中的内容不需要修改，也就没有必要设置为 Outlet；轮播图片是需要不断更换新的图片的，如果图片更换，上面的字幕也需要更换。

综合上面的分析，应该把新闻字幕这个 Label 和轮播图片的 Image View 设置为 Outlet，而标题这个 Label 不用设置为 Outlet。

首先，单击原编辑窗口右上侧的新增编辑窗口按钮，新增一个编辑窗口，如图 2-25 所示。

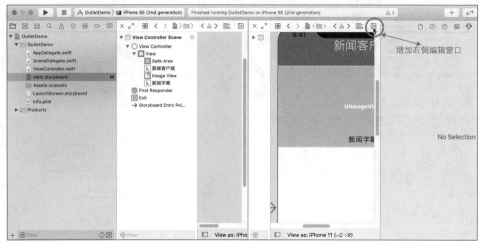

图 2-25　新增编辑窗口

为了有足够的空间显示两个编辑器窗口，可以通过单击相关的按钮来关闭右侧 Inspector 属性窗口和编辑器左侧的文档属性窗口，如图 2-26 所示。

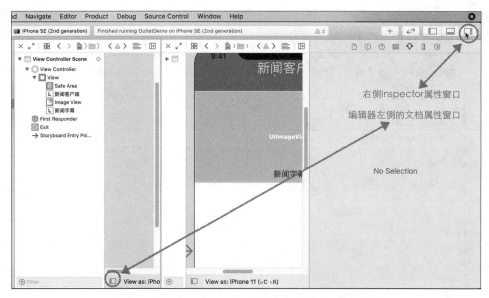

图 2-26　关闭 Inspector 属性窗口和文档属性窗口

接着，调整两个编辑器窗口的大小，改变其中一个编辑器显示的内容为 ViewController.swift，如图 2-27 所示。

然后，我们开始最重要的 Outlet 设置，将代码和 UI 组件链接在一起，选中①处 Image View（周围出现 8 个小方块），按下鼠标左键不放，拖动到代码窗口②的位置，会出现提示 Insert Outlet or Outlet Collection，放开鼠标左键，会弹出窗口③，此时在文本框④里面输入 Outlet 的名称为 titleImage，单击 Connect 按钮⑤，即可自动生成代码，如图 2-28 所示。

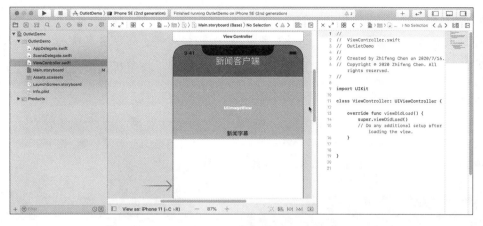

图 2-27 调整编辑器

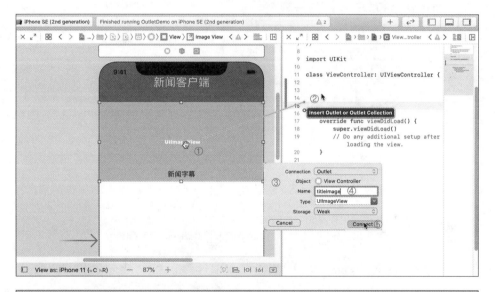

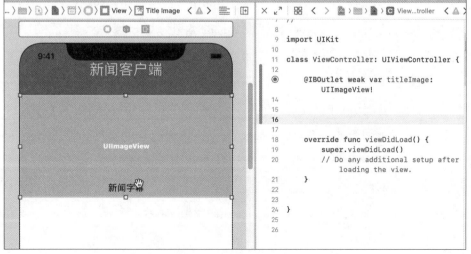

图 2-28 设置 Outlet 步骤

同样，设置 Label 的 Outlet，输入名称为 titleLabel，完成后效果如图 2-29 所示。从自动生成的代码，可以获知这个 Outlet 代表的是一个 Label，其变量名称为 titleLabel，变量类型为 UILabel。这个 Outlet 前面还有一个实心的圆圈，将鼠标放到这个圆圈上，相应界面的 Label 会变颜色，表示连接已经存在。

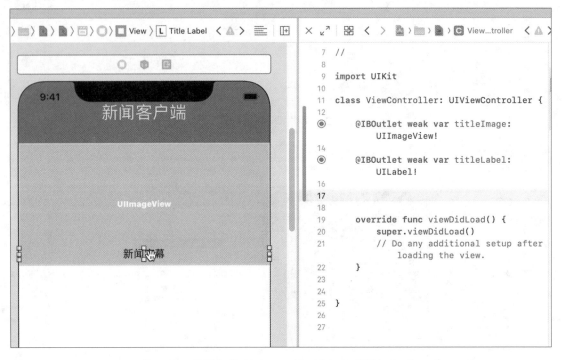

图 2-29 设置完成 titleImage 和 titleLabel 两个 Outlet

对于 Lable 的 Outlet 来说，@IBOutlet 告知编译器，这个是一个 Outlet 变量；weak 代表弱引用，若弱引用的对象被销毁后，弱引用的指针会被清空；var 代表建立一个变量；titleLabel 代表变量的名称；UILabel！代表变量的类型为 UILabel 类，其后的！代表进行强制解析。程序员需要保证这个变量不能为 nil。

对于 Image View 的 Outlet 来说，@IBOutlet 告知编译器，这个是一个 Outlet 变量；weak 代表弱引用，若弱引用的对象被销毁后，弱引用的指针会被清空；var 代表建立一个变量；titleImage 代表变量的名称；UIImageView！代表变量的类型为 UIImageView 类，其后的！代表进行强制解析。程序员需要保证这个变量不能为 nil。

最后，可以分别在 Image View 和 Label 组件上右击，弹出一个窗口，可以从中查看 Outlet 设置是否正确，甚至释放这个 Outlet，如图 2-30 所示。

图 2-30　Outlet 属性菜单（左侧为 Image View，右侧为 Label）

3. 输出 Outlet 内容

ImageView 需要使用图片文件，iOS 中官方支持的图片格式是 png，打开文件所在的文件夹，将图片"新发展理念 .png"拖放到本工程中，在接下来弹出的菜单中设置好选项，如图 2-31 所示。

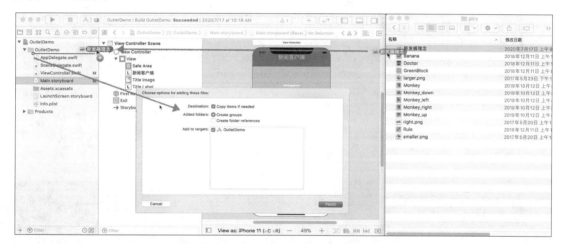

图 2-31　图片文件拖放到工程中

Outlet 和 Action 将程序和 UI 界面链接起来了。

打开 ViewController.swift 文件，找到程序入口，也就是类似于 C 语言 main 函数的地方，输入源程序，如图 2-32 所示。

运行程序，向指定的 UI 组件输出内容，即可在模拟器中得到正常效果，如图 2-33 所示。

思考：

（1）如果有多个 swift 文件和多个 Controller，那么我们是如何知道它们之间的对应关系的呢？

（2）一个组件是否可以绑定为多个 Outlet 变量名？

（3）Outlet 一不小心设置错误了，如何更改？

（4）能否通过数组，采用随机数方式，从而实现每次运行程序出现的图片和字幕有所变化？

```
1  //
2  //  ViewController.swift
3  //  OutletDemo
4  //
5  //  Created by Zhifeng Chen on 2020/7/16.
6  //  Copyright © 2020 Zhifeng Chen. All rights reserved.
7  //
8
9  import UIKit
10
11 class ViewController: UIViewController {
12
     @IBOutlet weak var titleImage: UIImageView!    //根据Outlet，自动生成的变量
     @IBOutlet weak var titleLabel: UILabel!
15
16     override func viewDidLoad() {
17         super.viewDidLoad()
18         // Do any additional setup after loading the view.
19         //此处为程序主入口，相当于C语言main函数
20         let myImage = UIImage(named: "新发展理念")
21         titleImage.image = myImage
22         titleImage.contentMode = .scaleToFill
23         titleLabel.text = "新发展理念：创新｜协调｜绿色｜开放｜共享"
24         titleLabel.textColor = UIColor.green
25     }
26 }
27
28
```

图 2-32　源程序输入

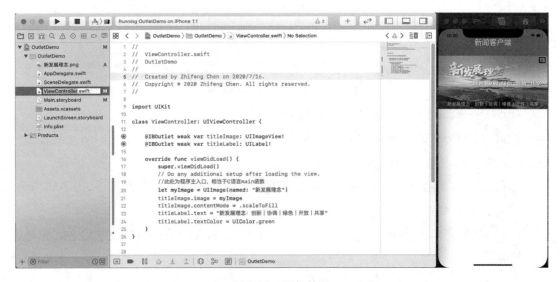

图 2-33　运行效果

2.2.2　Action

Action 是一种特别的函数，在代码中对应的变量前面加上 IBAction 来修饰标记，就是告诉编译器，在界面事件发生后，需要一段代码来调用一个方法，响应这个操作，

IBAction 就是用来标记代码中这个方法的。

在代码中对应的方法前面加上 IBAction 标记，本身来说它只是个标记，没有什么实际意义，只是用来告诉编译器，这个方法有点特别，是一个界面中的对象的 Action 行为方法，Action 要和 nib 文件里面的一个界面对象关联起来（建立了一个 Action Connection），一旦建立了连接，当前这个标记了 IBAction 的方法是 nib 文件（也就是界面）中某对象所需要响应的事件。

下面就以用户登录功能为例，说明如何使用 Action。

在 Xcode 中，用户登录界面设计如图 2-34 所示。简单分析可以知道，这个画面有 9 个 UI 组件构成，其中设置为 Outlet 的为 2 个：一个是用于接收用户名输入的 Text Field，另一个是用于接收密码输入的 Text Field，设置为 Action 也是 2 个：一个是用于用户输入完成后登录系统的 Button，一个是用于用户输入出错，清除输入内容的 Button。另外，还设计了一个自定义函数 checkLogin，用于检验用户和密码是否为"zfchen"和"123456"。这次源程序中没有明显的程序入口，为什么呢？

图 2-34 用户登录界面

1. 拖放界面 UI 组件

首先，打开 Xcode，新建一个工程，Product Name 输入为 ActionDemo，Language 选择 Swift，User Interface 选择 Storyboard。在工程中，打开 Main.Storyboard，使用快捷键【Shift+Command+L】打开库，依次从库中拖入 9 个组件到主界面中，其中 Label 组件 5 个（因为没有直线组件，所以采用 2 个高度 height 为 1 的 Label 显示为直线段，分别在两个 Text

Field 的下方），Text Field 组件 2 个，Button 组件 2 个，摆放到合适的位置，如图 2-35 所示。

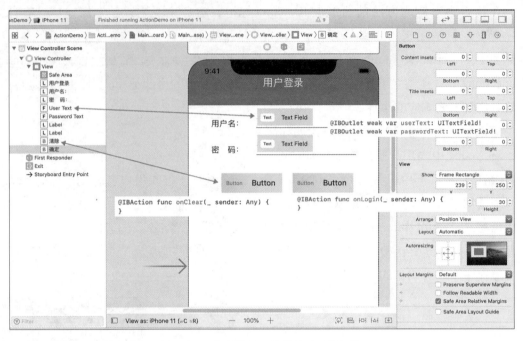

图 2-35 在登录界面拖放 9 个 UI 组件

然后设置各个组件的参数，包括位置、大小、颜色等。除了 Text Field 的 Autosizing 设置为红色一字箭头外，所有组件的 Autosizing 设置为红色十字箭头。

最后，为 2 个 Text Field 建立 Outlet，变量名称分别为 userText 和 passwordText，如图 2-36 所示。

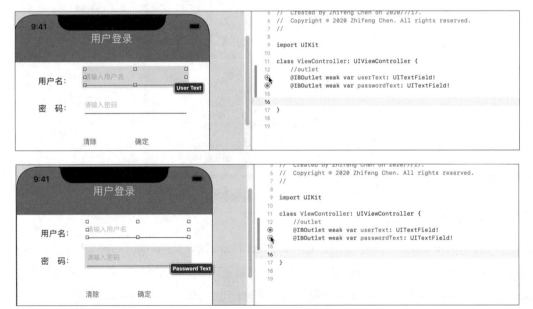

图 2-36 正确设置的两个 Outlet

2. 设置 Button 组件 Action

首先，将代码和 Button 组件"确定"按钮触发的事件链接在一起，①选中 Button（周围出现 8 个小方块），按下鼠标左键不放，拖动到代码窗口②的位置，会出现提示 Insert Action Outlet or Outlet Collection，放开鼠标左键，会弹出窗口③，此时在 Connection 文本框④中选中 Action（默认是 Outlet，Button 也可以设置 Outlet），设置⑤的名称为 onLogin（函数名），单击⑥ Connect 按钮即可自动生成代码，如图 2-37 所示。

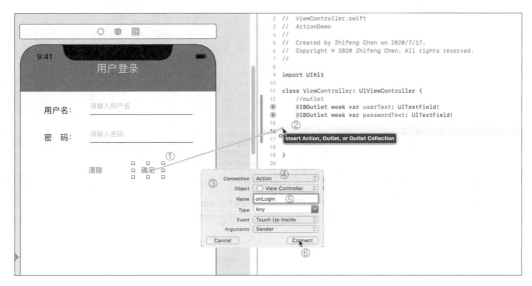

图 2-37　Action 设置步骤

最后，设置代码与"清除"按钮触发的事件链接在一起，完成后，显示如图 2-38 所示。

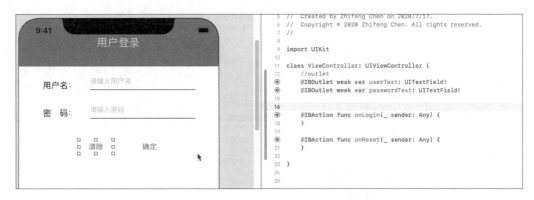

图 2-38　按钮的 Action 完成后的效果

3. 响应 Action 事件

前面已经完成了 Outlet 和 Action 的设置，也就是将程序代码和 UI 界面链接起来了，下面，就可以通过增加代码，单击按钮后，进行登录校验过程或者清除输入内容。

首先，准备一个登录过程校验用户名和密码是否正确的函数，调用字符串比较函数来判断输入的内容和确定的内容是否相同。这里，假定正确用户名为"zfchen"，密码为"123456"。

```swift
func checkLogin(user:String,password:String) -> Bool {
    if user == "zfchen" && password == "123456" {
        return true
    }
    else {
        return false
    }
}
```

然后，输入 Action 事件函数 onLogin 中的代码，实现登录校验的过程，如图 2-39 所示。

```swift
import UIKit

class ViewController: UIViewController {
    //outlet
    @IBOutlet weak var userText: UITextField!
    @IBOutlet weak var passwordText: UITextField!
    
    @IBAction func onLogin(_ sender: Any) {
        guard let user = userText.text else {return}
        guard let password = passwordText.text else {return}
        if checkLogin(user: user, password: password){
            print("Login succeed!")
        }
        else {
            print("Login failed!")
        }
    }
    
    @IBAction func onReset(_ sender: Any) {
    }
    
    func checkLogin(user:String,password:String) -> Bool {
        if user == "zfchen" && password == "123456" {
            return true
        }
        else {
            return false
        }
    }
}
```

图 2-39 Action（onLogin 函数）源代码

最后，实现清除函数 onReset 的功能，整个程序代码全部完成，如图 2-40 所示。

```
 9  import UIKit
10
11  class ViewController: UIViewController {
12      //outlet
        @IBOutlet weak var userText: UITextField!
        @IBOutlet weak var passwordText: UITextField!
15
16
        @IBAction func onLogin(_ sender: Any) {
18          guard let user = userText.text else {return}
19          guard let password = passwordText.text else {return}
20          if checkLogin(user: user, password: password){
21              print("Login succeed!")
22          }
23          else {
24              print("Login failed!")
25          }
26      }
27
        @IBAction func onReset(_ sender: Any) {
29          userText.text = ""
30          passwordText.text = ""
31      }
32
33      func checkLogin(user:String,password:String) -> Bool {
34          if user == "zfchen" && password == "123456" {
35              return true
36          }
37          else {
38              return false
39          }
40      }
41  }
42
```

图 2-40　Action（onReset 函数）功能源代码

2.3　iOS 用户界面

2.3.1　交互设计

在开发 iOS 应用程序的时候，一般可以使用 Storyboard 中把项目的 UI 界面和一些页面关系实现起来，这样可以更容易把握所开发的程序，实现更好的人机交互。

1. 显示原理

首先从过去的 CRT 显示器原理说起。CRT 的电子枪按照上面方式，从上到下一行行扫描，扫描完成后显示器就呈现一帧画面，随后电子枪回到初始位置继续下一次扫描。为了把显示器的显示过程和系统的视频控制器进行同步，显示器（或者其他硬件）会用硬件时钟产生一系列的定时信号。当电子枪换到新的一行，准备进行扫描时，显示器会发出一个水平同步信号（horizonal synchronization），简称 HSync；而当一帧画面绘制完成后，电子枪回复到原位，准备画下一帧前，显示器会发出一个垂直同步信号（vertical synchronization），简称 VSync。显示器通常以固定频率进行刷新，这个刷新率就是 VSync 信号产生的频率，如图 2-41 所示。

现在的设备普遍采用了 LED 液晶显示屏，但基本原理仍然没有变。

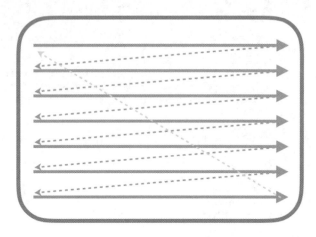

图 2-41　扫描与显示原理

通常来说，计算机系统中 CPU、GPU、显示器是以上面这种方式协同工作的。CPU 计算好显示内容提交到 GPU，GPU 渲染完成后将渲染结果放入帧缓冲区，随后视频控制器会按照 VSync 信号逐行读取帧缓冲区的数据，经过可能的数模转换传递给显示器显示，如图 2-42 所示。

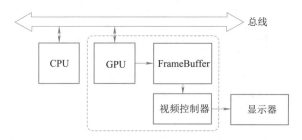

图 2-42　GPU 显示原理

在最简单的情况下，帧缓冲区只有一个，这时帧缓冲区的读取和刷新都会有比较大的效率问题。为了解决效率问题，显示系统通常会引入两个缓冲区，即双缓冲机制。在这种情况下，GPU 会预先渲染好一帧放入一个缓冲区内，让视频控制器读取，当下一帧渲染好后，GPU 会直接把视频控制器的指针指向第二个缓冲器，如此一来效率会有很大的提升。

双缓冲虽然能解决效率问题，但会引入一个新的问题。当视频控制器还未读取完成时，即屏幕内容刚显示一半时，GPU 将新的一帧内容提交到帧缓冲区并把两个缓冲区进行交换后，视频控制器就会把新的一帧数据的下半段显示到屏幕上，造成画面撕裂现象。

为了解决这个问题，GPU 通常有一个垂直同步（简写也是 V-Sync）机制，当开启垂直同步后，GPU 会等待显示器的 VSync 信号发出后，才进行新的一帧渲染和缓冲区更新。这样能解决画面撕裂现象，也增加了画面流畅度，但需要消耗更多的计算资源，也会带来部分延迟。

2. 布局计算

视图布局的计算是 APP 中最为常见的消耗 CPU 资源的计算。如果能在后台线程提前计算好视图布局，并且对视图布局进行缓存，那么基本就不会产生性能问题了。

不论通过何种技术对视图进行布局，其最终都会落到对 UIView.frame/bounds/center 等属性的调整上。上文也说过，对这些属性的调整非常消耗资源，所以尽量提前计算好布局，在需要时一次性调整好对应属性，而不要多次、频繁地计算和调整这些属性。

Autolayout 是苹果本身提倡的技术，在大部分情况下也能很好地提升开发效率，但是 Autolayout 对于复杂视图来说，常常会产生严重的性能问题。随着视图数量的增长，Autolayout 带来的 CPU 消耗会呈指数级上升。

如果不想手动调整 frame 等属性，可以用一些工具方法替代，比如常见的 left/right/top/bottom/width/height 快捷属性，或者使用 ComponentKit、AsyncDisplayKit 等框架。

如果一个界面中包含大量文本（如微博、微信、朋友圈等），文本的宽高计算会占用很大一部分资源，并且不可避免。如果对文本显示没有特殊要求，可以参考 UILabel 内部的实现方式：用 boundingRectWithSize 来计算文本宽高，用 drawWithRect:options 来绘制文本。尽管这两个方法性能不错，但仍旧需要放到后台线程进行以避免阻塞主线程。

如果用 CoreText 绘制文本，那就可以先生成 CoreText 排版对象，然后自己计算，并且 CoreText 对象还能保留以供稍后绘制使用。

屏幕上能看到的所有文本内容控件，包括 UIWebView，在底层都是通过 CoreText 排版、绘制为 Bitmap 显示的。常见的文本控件（如 UILabel、UITextView 等），其排版和绘制都是在主线程进行的，当显示大量文本时，CPU 的压力会非常大。对此解决方案只有一个，那就是自定义文本控件，用 TextKit 或最底层的 CoreText 对文本异步绘制。尽管这实现起来非常麻烦，但其带来的优势也非常大，CoreText 对象创建好后，能直接获取文本的宽高等信息，避免了多次计算（调整 UILabel 大小时算一遍，UILabel 绘制时内部再算一遍）；CoreText 对象占用内存较少，可以缓存下来以备稍后多次渲染。

当用 UIImage 或 CGImageSource 的那几个方法创建图片时，图片数据并不会立刻解码。图片设置到 UIImageView 或者 CALayer.contents 中去，并且 CALayer 被提交到 GPU 前，CGImage 中的数据才会得到解码。这一步是发生在主线程的，并且不可避免。如果想要绕开这个机制，常见的做法是在后台线程先把图片绘制到 CGBitmapContext 中，然后从 Bitmap 直接创建图片。目前常见的网络图片库都自带这个功能。

图像的绘制通常是指用那些以 CG 开头的方法把图像绘制到画布中，然后从画布创建图片并显示这样一个过程。这个最常见的就是 UIView 的 drawRect 了。由于 CoreGraphic 方法通常都是线程安全的，所以图像的绘制可以很容易地放到后台线程进行。

3. 用户界面

（1）"明确"应该放在设计的首要位置

对任何界面而言，"明确"是首要的也是最重要的一点。人们必须能够辨别出它是什么，才能有效地使用你设计出来的界面。设计师们在设计的时候，要去关心人们为何会使用这个应用，去了解什么样的界面是能帮助他们与之互动的，去预测人们在使用时的行为并能够成功地反馈给他们。这样做了之后，界面中再出现的需要推理的地方以及延时反应都是可以被容忍的，但是绝对不能出现让用户困惑的地方。明确的界面能够给使用者进一步操作的信心。一个应用就算有一百张页面，但是每一页都是清晰明确的，也远胜于只有一页却不知所云的应用，如图 2-43 所示。

图 2-43　内容的主次有序编排

（2）界面是为了交互而存在

界面的存在是为了让人和我们的世界产生互动。它可以帮助人们厘清、明白、使用、展示相互之间的关系，它能够把我们聚集在一起，也可以将我们隔开，实现我们的价值并为我们服务。界面设计不是艺术设计。界面设计也不是用来标榜设计师的个人。界面的功用和效果是可以被测量的，但是它们不是功利性的。优秀的界面不但能够让我们做事有效率，还能够激发、唤起和加强我们与这个世界的联系，如图 2-44 所示。

图 2-44 黑白色调有利于快速选择交互

（3）不惜一切代价吸引用户注意

要把设计这个画面最初的目的时刻放在首位。如果用户正在阅读，那先让他们专心地读完之后再弹出广告（如果一定要放广告的话）。尊重用户的注意力，不仅仅会让用户感到高兴，本身的设计也会收获好结果。如果在界面设计中，用户使用是首要目标，那么尊重用户的注意力是先决条件。要不惜一切代价保护它，如图 2-45 所示。

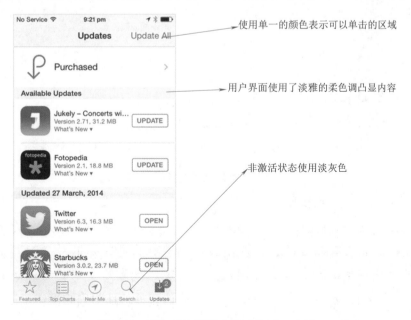

图 2-45 颜色是吸引用户眼球的不二法门

(4) 让用户掌控一切

人们会在自己能掌控的环境中感觉最舒心、放松。设计草率的软件应用不但剥夺了这种舒适性，还会迫使人们面对毫无预期的互动，困惑的流程和意外的结果。通过定期地梳理系统状态，描述因果关系（如果你这个做了，就会被体现出来），并且在每一步操作都给出提示，让用户感觉每一步操作都在他的掌控中。

(5) 直观操作是最好的

好的界面是无意识的，就像我们在实际生活中直接操作的感觉一样。这并不是那么容易实现的，并且随着元素和资讯的不断增加，这就变得更难，所以我们设计界面来帮助我们去和它们互动。要想在画面上添加一个不必要的东西非常简单，例如，加个华丽的按钮、镶边、图形、选项、偏好、窗口、附件和其他一些冗余的东西。以至于我们一头扎进处理界面元素细节的怪圈中而忽视了最重要的事情。取而代之的，应该抓住直观操作这个最初的目标……界面设计要尽可能的简洁，更多的可识别的惯用自然手势。理想情况下，界面会变得非常细微，用户会有直观操作的感觉，如图2-46所示。

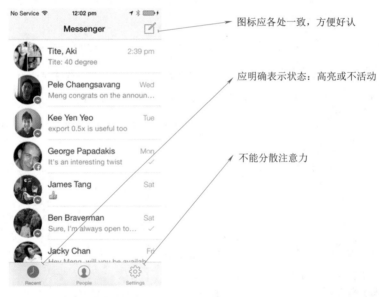

图2-46　一致性有助于操作的便利

(6) 一个页面一个主要操作

我们设计的每一个画面，都应给用户提供有实际意义的单一操作，令界面更快上手、易于操作，如果有需要的话，新增或扩充也更简易。如果一个画面上有两个或两个以上的主要操作，瞬间就会让用户感到困惑。就像写文章要有单一的以及强有力的论点一样，界面设计中的单个画面，也都应该有单一且明确的操作，这是它存在的理由。

(7) 让次要操作在次要位置

画面在包含一个主要动作的同时，可以有多个次要动作，但尽量不要让它们喧宾夺主！就像写一篇文章，是为了让人可以阅读了解，而不是为了人们能够把它转载在社交网络上……让次要的动作放在次要的位置，削减它们的视觉冲击力，或是在主要动作完成后再显示它们。

(8) 提供自然而然的下一步操作

很少有交互是故意被放在最后的，所以要为用户精心设计交互的下一步操作。要预期用户下一步的交互是怎样的，并且通过设计将其实现。就像我们的日常谈话，要为深入交谈开一个好头。当用户已经完成要做的操作后，别让它们不知所措的停留在那，提供自然而然的下一步，帮助他们完成操作。

(9) 界面外观遵循用户行为

人总是对符合期望的行为最感舒适。当某人或某件事的行为始终按照我们所期望的那样去进行时，我们会感觉到和他们之间的关系不错。因此，设计出来的元素，看起来，应该像它们本身特征一样。在具体操作中，这意味着，用户只要看到这个界面元素，就应该能猜测出这个元素是做什么的。如果看起来是个按钮，它就应该有按钮的功能，不要在基本的交互问题上耍小聪明……把你的创造力留到更高层次的需求上吧，如图 2-47 所示。

图 2-47　简单清晰有利于注意力集中

(10) 前后一致的重要性

遵循上一规则，画面中，视觉元素的外观不应该是一样的，除非它们的功能相近。如果是功能相同或相近的元素，那么它们外观就应该是类似的，反之，如果元素各自的功能不同，那么它们的外观也应该不同。为了保持一致性，新手设计师通常会把相同的视觉处理（重用代码）方式用在应该用不同的视觉处理方式的元素上。

(11) 强烈的视觉层次会让效果更好

强烈的视觉层次会让画面有清晰的浏览次序。也就是说，当用户每次都用相同的顺序浏览同样的东西，微小的视觉层次令使用者不知道哪里才是需要注意的重点，最后只会让用户感到困惑和混乱。在不断变化的设计环境中，保持强烈的视觉层次是很困难的，因为所有元素视觉上的重量是相对的：当所有文字都是粗体，那就没有所谓的"粗体"了。如果要在画面中添加一个视觉强烈的元素时，设计者应该要重新调整页面上所有元素的重量分配，来达到强烈视觉层次的效果。大多数人都不会注意到视觉重量这一点，但它其实是强化（弱化）设计的最简单的方法。

(12) 巧妙的布局减轻用户认知负担

恰当地编排画面上的元素能够以少见多，帮助他人更加快速简单地理解你设计的界面，因为你已经用你的设计清楚地说明了它们彼此之间的关系。用方位和方向上的编排可以自然地将相同的元素联系在一起。通过对内容的巧妙编排，可以减轻用户的认知负担，他们不再需要花时间去思考元素之间的关联，因为你已经做好了。不要迫使用户去思考，用你的设计直接呈现给他们。

(13) 重点不要总是用颜色来强调

物体的色彩会随光线改变而改变。艳阳高照下与夕阳西下时，同一棵树，也会呈现不同的景象。在自然世界中，色彩很容易受环境影响而改变，所以在设计时，色彩不应该占很大的比重。作为辅助，我们可以用高亮的颜色，吸引注意力，但这不是区别的唯一方法。在长篇阅读或是长时间对着计算机屏幕的情况下，可以使用柔和的背景，降低亮度，当然也可用活泼亮丽的色彩当背景，但是要确保适合读者。

(14) 逐步说明

只在画面中显示必要的信息。如果用户需要作出决定，只要展现足够的信息供其选择，然后他们会到下一页去寻找更多的细节。避免一次呈现或解释全部的信息，如果可以的话，将选择放在后面的画面展示，这会使界面交互更加清晰。

(15) 内置帮助

在理想的界面设计中，"帮助"选项是没有必要的，因为界面操作是有引导性的。"帮助"的下一步，实际上是内嵌在上下文中的"帮助"，只有在用户确实需要的时候才显示，平常应该是隐藏的状态，让用户自己去寻求帮助。重要的是要保证用户可以顺畅的使用界面。

(16) 重要时刻：初始状态

第一次使用界面的体验是非常重要的，而这却常常被设计师忽略。为了让用户更快上手，最好在设计的时候保持初始状态，也就是还没开始使用过的状态。这个状态不是一张空白的画布，它应该要提供一个方向和指引，令用户迅速进入状况。在初始状态下的互动过程中可能会存在一些摩擦，一旦用户了解了规则，那将会有很高的机会获得成功。

(17) 好的设计是隐形的

好的设计有一个奇怪的特性，它通常是会被用户忽略的。其中的一个原因是，这个设计非常的成功，以至于用户完全专注在他想要达到的目标，而不是这个界面，当用户顺利地完成目的，他们会感到很满意，并不需要反映任何问题，如图2-48所示。

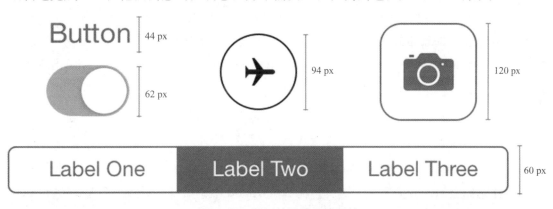

图 2-48　图标的设计是隐形的

(18) 从其他设计领域下手

视觉、平面设计、排版、文案、信息架构和视觉设计……所有这些学科都是界面设计的一部分，它们都是可以被涉猎和研究的。不要企图跟它们划分界线，或看不起其他的领域：从学到很多知识可以帮助你的工作推动你成长，还可以从看似无关的学科学起，接触你不熟悉的领域……我们能从出版、编程、书本装订、滑板、消防、空手道中学到哪些知识呢？

(19) 界面的存在是为了被使用

在大多数设计领域，有用户使用就是界面设计的成功。就像是一个漂亮椅子，虽然漂亮，但坐起来不舒服，用户就不会选择它，它就是一个失败的设计。因此，界面的存在就为了尽可能多地创造好用的环境让用户使用，就像你设计了一个好用的工艺品。设计师设计作品如果仅仅是拿来满足自己的虚荣心，那是远远不够的：它必须要被使用！

2.3.2 故事板（Storyboard）

随着 iOS 的发展，在 UI 制作上逐渐分化为了 3 种主要流派：使用代码手写 UI 及布局；使用单个 xib 文件组织 viewController 或者 view；使用 StoryBoard 来通过单个或很少的几个文件构建全部 UI。

① 手写代码：代码 UI 可以说具有最好的代码重用性。如果是写一些可以高度重用的控件提供给其他开发者使用，那最好的选择应该是使用代码来完成 UIView 的子类。这样进一步的修改和其他开发者在使用时，都会方便不少。使用代码也是最为强大的，会有 xib 或者 StoryBoard 做不了的事情，但是使用代码最终一定能够完成所要的需求。

② xib 模式：现在使用越来越少。其实，IB（Interface Builder）和 xib 是从 iOS SDK 初次面世开始就捆绑在开发者工具套装内了。Xcode 4 之后被直接集成到了 Xcode 中，成为了 IDE 的一部分。xib 设计的一大目的其实是为了良好的 MVC。一般来说，单个的 xib 文件对应一个 ViewController，而对于一些自定义的 view，往往也会使用单个 xib 并从 main bundle 进行加载的方式来载入，IB 帮助完成 view 的创建、布局和与 file owner 的关系映射等一些列工作。最大的问题在于 xib 中的设置往往并非最终设置，在代码中将有机会覆盖你在 xib 文件中进行的 UI 设计。在不同的地方对同一个属性进行设置，这在之后的维护中将会是噩梦般的存在，因为其实 IB 还是有所局限的，它没有逻辑判断，也很难在运行时进行配置。

③ StoryBoard：简单理解来说，可以把 StoryBoard 看作是一组 viewController 对应的 xib，以及它们之间的转换方式的集合。在 StoryBoard 中不仅可以看到每个 ViewController 的布局样式，也可以明确地知道各个 ViewController 之间的转换关系。

现在 StoryBoard 面临的最大问题就是多人协作。因为所有的 UI 都定义在一个文件中，因此很多开发者个人或企业的技术负责人认为 StoryBoard 是无法进行协作开发的，其实这更多的是一种对 StoryBoard 的误解。其实，整个项目可以使用多个 StoryBoard 文件。当然，现在还有一些对于 StoryBoard 性能上的担忧，因为相对于单个 xib 来说，StoryBoard 文件往往更大，加载速度也相应变慢。

2.3.3 SwiftUI

SwiftUI 是一个用户界面开发工具包，它让我们使用声明式（declarative）编程的方式设计应用。这是一种很酷的说法，它的意思其实就是：我们需要告诉 SwiftUI，我们的 UI 应该长成什么样子；当用户和它互动（interact）的时候，我们的 UI 应该如何反应。简单来讲，就是实现了界面和数据的双向交互。

当然，要支持 SwiftUI 来开发，首先操作系统必须升级到 macOS10.15 及以上，

Xcode11.0 以上。

声明式 UI 是相对于在 iOS 13 之前的指令式（imperative）UI 而言的。在一个指令式的用户界面，需要编写一个函数，然后在按键被点击的时候调用。在这个函数里，读取一个值并且展示一个标签——通常修改 UI 的外观，但是内在逻辑是一致的。

指令式 UI 会导致一系列问题，绝大多数都和状态（state）相关。简单来说，状态就是指代码存储的值。跟踪代码现在在哪个状态里，来确保用户界面正确地对应特定的状态。

比如说，有一个界面（screen），它的性质（property）包含一个布尔值（Boolean），那就有 2 个状态：布尔值为真，或为假。如果有 2 个布尔值：A 和 B，那就有 4 个状态：

① A 为假且 B 为假。

② A 为真且 B 为假。

③ A 为假且 B 为真。

④ A 为真且 B 为假。

而如果有更多布尔值呢？3 个？或者 5 个？或者是字符串（string）或者整数（integer）呢？

如果你曾经用过某些应用，无论你读了多少次，都顽固地提示你有一个未读消息，这就是因为它出现了状态问题——这是指令式才会出现的问题。

相比较而言，声明式 UI 让我们一次性告诉 iOS 应用所有可能存在的状态。我们可能需要在用户登入的展示欢迎界面，在登入后提供登出按钮。不需要写代码在这两个状态之间切换。

而 SwiftUI 则不用这样。当状态改变的时候，让 SwiftUI 切换用户界面布局（layout）。我们已经告诉它我们在不同状态下要显示什么，所以改变 SwiftUI 的认证状态（authentication state）之后，SwiftUI 会自己更新 UI。

这就是声明式的意义：不需要手动显示或隐藏 SwiftUI 组件，只需要设置好规则，然后放手让 SwiftUI 确保这些规则都被遵守。

但是 SwiftUI 并不止步于此：它还是一个跨平台用户界面层，横跨 iOS、macOS、tvOS、watchOS。因此，可以只用学一种语言和一种布局框架，然后把代码部署在任何地方。

2.3.4　常见 UI 组件

Xcode 开发环境提供了各种各样的 UI 组件，如图 2-49 所示，从而大大减轻了开发人员的负担。

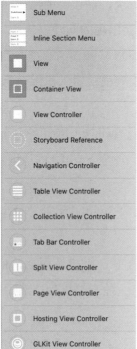

图 2-49　UI 组件

1. UILabel

UILabel 常用于在界面上显示一行或多行文本，可视化创建的方法是将这个组件拖放到 Main.storyboard 中某一个 View Controller 中。

Label - A variably sized amount of static text.

UILabel 的代码创建方法:

```
//方法1: 创建时设置frame
let rect = CGRect(x:10, y:10, width:300, height:30)
let label = UILabel(frame:rect)
//添加到self.view上才会显示出来
self.view.addSubview(label)

//方法2: 先创建,后设置frame
let label = UILabel()
label.frame = CGRect(x:10, y:90, width:300, height:30)
self.view.addSubview(label)
```

UILabel 的常用属性：文本内容设置、背景色设置、字体颜色设置、字体大小设置和文本对齐方式设置等。

```
//设置背景色
label.backgroundColor = UIColor.green

//设置字体颜色
label.textColor = UIColor.red

//设置字体大小
label.font = UIFont.systemFont(ofSize: 14)

//设置文本对齐方式,默认左对齐
label.textAlignment = NSTextAlignment.right

//设置要显示的文本
label.text = "I am a label"

//当文字超出标签宽度时,自动调整文字大小,使其不被截断
label.adjustsFontSizeToFitWidth = true
```

显示多行文本：显示多行文本需要两个条件，一个是设置 numberOfLines 的值为要显示的行数，还有就是 label 的高度要≥文字的行高和文字行间距总和。

```
// 方法1：显示固定行数的文本
label.frame = CGRect(x:10, y:100, width:100, height:100)
label.numberOfLines = 2
label.text = "I am a label,I am a label,I am a label"

// 方法2：根据文字长度自己确定显示几行，只需设置numberOfLines = 0
label.numberOfLines = 0
label.text = "I am a label,I am a label,I am a label"
```

练习：请设计实现新闻界面，采用多个 Label，要求如图 2-50 所示。

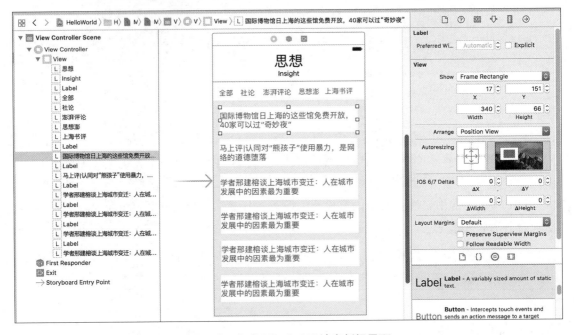

图 2-50　多个 UILabel 设计出新闻界面

2. UIButton

UIButton 是一个用于接受用户触摸事件的 iOS 常用组件，可视化创建的方法是将这个组件拖放到 Main.storyboard 中某一个 View Controller 中。UIButton 常用的触摸事件类型：

① touchDown：单点触摸按下事件，点触屏幕。

② touchDownRepeat：多点触摸按下事件，点触计数大于1，按下第2、3或第4根手指的时候。

③ touchDragInside：触摸在控件内拖动时。

④ touchDragOutside：触摸在控件外拖动时。

⑤ touchDragEnter：触摸从控件之外拖动到内部时。

⑥ touchDragExit：触摸从控件内部拖动到外部时。

⑦ touchUpInside：在控件之内触摸并抬起事件。

⑧ touchUpOutside：在控件之外触摸并抬起事件。

⑨ touchCancel：触摸取消事件，即一次触摸因为放上太多手指而被取消，或者电话打断。

> **Button** - Intercepts touch events and sends an action message to a target object when it's tapped.

UIButton 的代码创建方法：

```
// 方法 1：创建一个系统内建样式的 UIButton
let button = UIButton(type: UIButtonType.system)
button.frame = CGRect(x:150, y:150, width:120, height:40)
button.setTitle("Click me", for: UIControlState.normal)
button.titleLabel?.font = UIFont.systemFont(ofSize: 18)
button.addTarget(self, action: #selector(btnClick(_:)), for: UIControlEvents.touchUpInside)
button.layer.cornerRadius = 5.0
// 添加到 self.view 上才会显示出来
self.view.addSubview(button)

// 方法 2：创建一个自定义的 UIButton，用于模拟复选框
let rect = CGRect(x:10, y:150, width:50, height:50)
let button = UIButton(frame:rect)
button.setImage(UIImage(named:"checknoneBtn.png"), for: UIControlState.normal)
button.setImage(UIImage(named:"checkedBtn.png"), for: UIControlState.selected)
button.addTarget(self, action: #selector(btnClick(_:)), for: UIControlEvents.touchUpInside)
button.layer.cornerRadius = 5.0
self.view.addSubview(button)


//Button 触摸后，需要调用的事件方法
func btnClick(_ sender : UIButton) {
print("Wuwu~~, I am here now")
sender.isSelected = !sender.isSelected
}
```

可以模拟复选框的 UIButton，需要两个状态的图片，如图 2-51 所示，左边是选中后显示的图片（checkedBtn.png），右边是正常状态下的图片（checknoneBtn.png）。

图 2-51　模拟复选框的 UIButton 所需要的两种图片

UIButton 的常用属性和方法：按钮上的文字设置 setTitle()、按钮上的文字颜色设置 setTitleColor()、按钮上的文字字体大小设置 titleLabel?.font、按钮背景颜色设置 backgroundColor 和是否可用 isEnable、是否隐藏不显示 isHidden、是否被选中 isSelected 等。

练习：请设计实现调查界面，采用 UIButton 和 UIlabel 设计调查选项内容，要求如图 2-52 所示。

图 2-52　调查选项界面

3. UIImageView

UIImageView 是一个用于 iOS 显示图片、简单动画等的组件，可视化创建的方法是将这个组件拖放到 Main.storyboard 中某一个 View Controller 中。UIImageView 的用户交互默认是关闭的，也就是说 ImageView 对其上的触摸事件都不会响应，通过设置 userInteractionEnabled 属性为真，然后给 UIImageVIew 添加一个点击手势，就可以实现对触摸事件的响应。

 Image View - Displays a single image, or an animation described by an array of images.

UIImageView 的代码创建方法：

```
// 创建一个 UIImageView, 图片文件为 "checkedBtn.png"
let imageViewRect = CGRect(x:0, y:350, width:100, height:100)
```

```
let imageView = UIImageView(frame: imageViewRect)
let img = UIImage(named: "checkedBtn.png")
imageView.image = img
// 添加到 self.view 上才会显示出来
self.view.addSubview(imageView)
```

UIImageView 中提供了存储多张图片来创建动画的功能，具体做法是，在 animationImages 属性中设置一个图片数组，然后使用 startAnimating 方法开始动画，最后用 stopAnimating 方法停止动画。同时，使用 animationDuration 属性可以设置动画每帧切换的速度（秒）。

UIImageView 的交互功能代码创建方法：

```
//用户交互
imageView.isUserInteractionEnabled = true
let tap = UITapGestureRecognizer(target: self, action: #selector(tapAction(tap:)))
imageView.addGestureRecognizer(tap)


//UIImageView 触摸后，需要调用的事件方法
func tapAction(tap :UITapGestureRecognizer) {
    let scale :CGFloat = 1.2
var frame = tap.view!.frame
frame = CGRect(x:frame.origin.x, y:frame.origin.y, width:frame.size.width * scale, height:frame.size.height * scale)
tap.view!.frame = frame
}
```

4. UIView

UIView 就是表示屏幕上的一块矩形区域，它在 APP 中占有绝对重要的地位，因为 iOS 中几乎所有的可视控件都是 UIView 的子类，可视化创建的方法是将这个组件拖放到 Main.storyboard 中某一个 View Controller 中。

UIView 继承自 UIResponder，它是负责显示的画布，如果说把 window 比作画框的话。我们就是不断地在画框上移除、更换或者叠加画布，或者在画布上叠加其他画布，大小当然由绘画者来决定了。有了画布，我们就可以在上面任意施为了。UIView 的功能：管理视图区域里的内容、处理视图区域中的事件、管理子视图，以及绘图、动画等。

UIView 的常用属性：

① frame：相对父视图的坐标和大小（x,y,width,height）。

② bounds：相对自身的坐标和大小，所以 bounds 的 x 和 y 永远为 0（0,0, width,height）。

③ center：相对父视图的中心位置的坐标。

④ transform：控制视图的放大、缩小和旋转。

⑤ superview：获取父视图。

⑥ subviews：获取所有子视图。

⑦ alpha：视图的透明度（0.0-1.0）。

⑧ tag：视图的标志（Int 类型，默认等于 0），设置后，可以通过 viewWithTag 方法拿到这个视图。

⑨ backgroundColor：背景颜色。

UIView 的常用方法：

① func addSubview（view:UIView）：添加视图到父视图，只要越晚添加，视图就在越上层，类似于画图软件中的图层概念。

② func removeFromSuperview()：将视图从父视图中移除。

③ func exchangeSubview（at: index1, withSubviewAt: index2）：将 index1 和 index2 位置的两个视图互换位置。

④ func bringSubview（toFront: UIView）：把视图移到最顶层。

⑤ func sendSubview（toBack:UIView）：把视图移到最底层。

⑥ func viewWithTag（tag:Int)->UIView?：根据 tag 值获取视图。

UIView 的代码创建方法：

```
// 创建 View
let view1 = UIView()
let view2 = UIView(frame: CGRect(x:20,y:120, width:100,height:100))
let view3 = UIView(frame: CGRect(x:40,y:140, width:100,height:100))
// 设置 view 的尺寸
view1.frame = CGRect(x:0,y:100, width:100,height:100)

// 设置 view 的背景色
view1.backgroundColor = UIColor.red
view2.backgroundColor = UIColor.green
view3.backgroundColor = UIColor.blue

// 设置 view 的中心位置, 不改变 view 的大小
view1.center = CGPoint(x:80,y:200)
// 依次添加三个视图（从上到下是：蓝，绿，红）
self.view.addSubview(view1)
self.view.addSubview(view2)
self.view.addSubview(view3)
```

```
// 把view1（红）移到最上面
self.view.bringSubview(toFront: view1)

// 设置view的透明度
view1.alpha = 0.5
// 设置view1的圆角角度
view1.layer.cornerRadius = 10
// 设置边框的的宽度
view1.layer.borderWidth = 2
// 设置边框的颜色
view1.layer.borderColor = UIColor.red.cgColor
```

在实际使用中，可以将 UIView 作为一个容器，把其他的组件放在这个 UIView 上面，这样可以形成一个整体，便于整体移动等处理。

2.4 实训案例：猴子找香蕉 iOS 版

在前面"猴子找香蕉"实训案例的基础上，使用 iOS 界面来开发一个图形化的猴子找香蕉（iOS 版），如图 2-53 所示。这个界面最上面的标题是 1 个 Label，中间 45 个方块用于生成相应的图案，是通过代码来生成的；下面是 1 个 Label，这个 Label 主要是形成一个浅灰色的色块，在这个 Label 上有 3 个 Button，分别是左转、前进 1 步和右转功能。

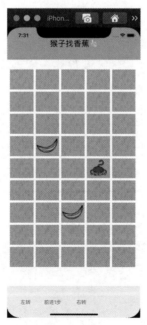

图 2-53 猴子找香蕉（iOS 版）

1. 界面设计

新建工程 FindBanana，在 Main.storyboard 中，使用快捷键【Shift+Command+L】打开库，从库拖放 Label 组件 2 个，Button 组件 3 个，进行相应的设置，界面设计如图 2-54 所示。

图 2-54　界面设计

2. 导入程序

打开 ViewController.swift 文件，导入源程序，实现在 1.7.2 实训案例中的效果。

```swift
import UIKit

class ViewController: UIViewController {
    //-- 数据定义部分 --
    // 定义行数和列数
    let rows = 9
    let cols = 5
    // 定义一个空数组用于保存
    var group : Array<String> = []
    //-- 数据结束 -----
    
    override func viewDidLoad() {
        super.viewDidLoad()
        //-- 调用程序开始 --
```

```swift
    initGame()
    setObject(row: 4, col: 3, objectID: "v")
    setObject(row: 3, col: 1, objectID: "B")
    setObject(row: 6, col: 2, objectID: "B")
    display()
    //-- 调用程序结束 --
}
//--- 自己定义的函数开始 ----
// 函数1：初始化函数
func initGame(){
    group.removeAll()  //用于清空数组
    for _ in 0..<rows {
        for _ in 0..<cols {
            group.append("0")
        }
    }
}

// 函数2：显示
func display(){
    for i in 0..<rows {
        for j in 0..<cols {
            print(group[i*cols+j], separator: " ", terminator: " ")
        }
        print()
    }
}

// 函数3：添加一个物体， ^ v < > B
func setObject(row:Int,col:Int,objectID: String) {
    if row>=rows || col>=cols {
        return
    }
    group[row*cols+col] = objectID
}
// 函数4：查找猴子所在位置和状态
func findMonkey()->(Int,Int,String) {
    for i in 0..<rows {
        for j in 0..<cols {
            let value = group[i*cols+j]
            switch value {
            case "^":
                return (i,j,"up")
            case "v":
                return(i,j,"down")
```

```swift
                case "<":
                    return(i,j,"left")
                case ">":
                    return(i,j,"right")
                default:
                    print()
                }
            }
        }
        return(0,0,"none")
    }
    //函数5：猴子转向
    func turn(direction:String){
        let (row,col,status) = findMonkey()
        if direction == "left" {
            switch status {
            case "up":
                group[row*cols+col] = "<"
            case "down":
                group[row*cols+col] = ">"
            case "left":
                group[row*cols+col] = "v"
            case "right":
                group[row*cols+col] = "^"
            default:
                print()
            }
            
        }
        else if direction=="right" {
            print(row,col,status)
            switch status {
            case "up":
                group[row*cols+col] = ">"
            case "down":
                group[row*cols+col] = "<"
            case "left":
                group[row*cols+col] = "^"
            case "right":
                group[row*cols+col] = "v"
            default:
                print()
            }
```

```
        }
    }
// 函数6：猴子走步
func step(steps:Int) {
    var (row,col,status) = findMonkey()
    switch status {
    case "up":
        for _ in 0..<steps {
            if row > 0 {
                group[row*cols+col]="|"
                row -= 1
                group[row*cols+col]="^"
            }
        }
    case "down":
        for _ in 0..<steps {
            if row < rows-1 {
                group[row*cols+col]="|"
                row += 1
                group[row*cols+col]="v"
            }
        }
    case "left":
        for _ in 0..<steps {
            if col > 0 {
                group[row*cols+col]="-"
                col -= 1
                group[row*cols+col]="<"
            }
        }
    case "right":
        for _ in 0..<steps {
            if col < cols-1 {
                group[row*cols+col]="-"
                col += 1
                group[row*cols+col]=">"
            }
        }
    default:
        print()
    }
}
```

程序正常运行后，如图2-55所示。

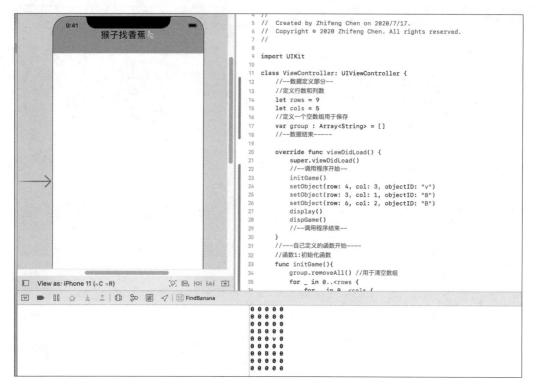

图 2-55　在 iOS 工程中显示字符信息的猴子和香蕉

3. 设置 Action

在主窗口区域打开两个编辑器，一个用于显示 storyboard，一个用于显示代码，根据需要设置好 Action，如图 2-56 所示。

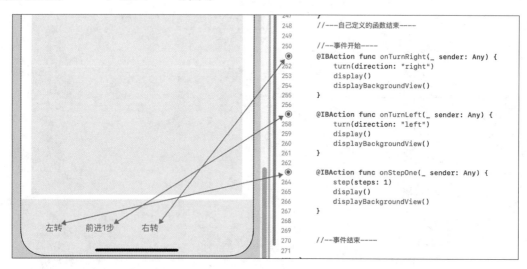

图 2-56　设置 Action

4. 将图片资源拖入工程中

iOS 支持的标准图片格式为 png，当然 jpg 等常用文件格式也支持。为了能正常使用图片资源,需要在 Xcode 中把图片资源文件直接拖入到工程所在的文件夹。

5. 设计图形显示函数

假设整个画布的高为 h,宽度为 w,蓝色格子的行数为 rows,列数为 cols,每个格子的高为 g_h,宽为 g_w,蓝色格子组成的区域到边界的距离均为 m,格子与格子之间的距离为 p,如图 2-57 所示。

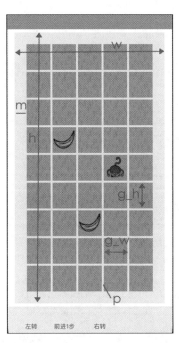

图 2-57 图形显示的计算过程示意图

则有以下等式成立:

h = g_h * rows + p * (rows – 1) + m * 2

w = g_w * cols + p * (cols – 1) + m * 2

```
// 图形化显示程序
func displayBackgroundView() {
    let h = backgroundView.frame.size.height
    let w = backgroundView.frame.size.width
    
    let padding : CGFloat = 15
    let margin : CGFloat = 30
    
    // 计算每个格子的高度和宽度
    let grid_w=(w-margin*2-padding*CGFloat(cols-1))/CGFloat(cols)
    let grid_h=(h-margin*2-padding*CGFloat(rows-1))/CGFloat(rows)
    
    for i in 0..<rows {
        for j in 0..<cols {
```

```swift
            let x = margin + CGFloat(j) * (grid_w + padding)
            let y = margin + CGFloat(i)*(grid_h + padding)
            let rect = CGRect(x: x, y:y, width: grid_w, height: grid_h)
            // 用于根据数组中的数值来决定显示哪个图片
            let data = group[i*cols+j]
            var fileName = ""
            switch data {
            case "0":
                fileName = "GreenBlock"
            case "B":
                fileName = "Banana"
            case "^":
                fileName = "Monkey_up"
            case "v":
                fileName = "Monkey_down"
            case "<":
                fileName = "Monkey_left"
            case ">":
                fileName = "Monkey_right"
            default:
                fileName = "GreenBlock"
            }
            
            let img = UIImage(named: fileName)
            let imgView = UIImageView(frame: rect)
            imgView.image = img
            self.backgroundView.addSubview(imgView)
        }
    }
}
```

第 3 章
听音看形识动物

在一个古老的森林里面，住着很多动物，有小马、母牛、孔雀、蜜蜂、小鸟，它们在太阳公公的陪伴下，快乐地生活着。这个项目是让小朋友来认识各种动物，根据声音的不同来认识动物。

3.1 项目简介

项目的主要功能：在一个郁郁葱葱的森林里，各个动物在触摸的时候会发出相应的声音或者播放视频，还有一个小兔子在蹦蹦跳跳，如图 3-1 所示。整个工程包括的组件有：森林背景（UIImageView）、蹦蹦跳跳的小兔子（UIImageView）、蜜蜂（UIButton）、牛（UIButton）以及小鸟（UIButton）。

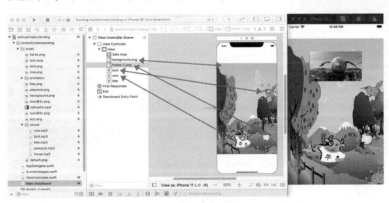

图 3-1　听声音识动物工程

本项目主要学习解决以下问题：如何将前面分散学习的声音播放、动画播放，以及视频播放等集合在一起？

首先应该把这个项目所需要的图片文件和音频资源文件，以及动画图片都准备好，如图 3-2 所示。

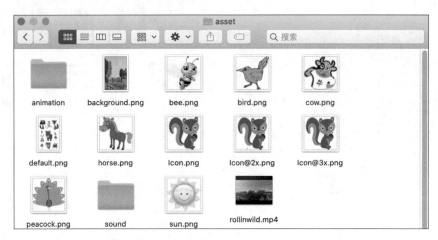

图 3-2　图片、声音、视频和动画的所在文件夹 asset

在 asset 文件夹中还包括两个子文件夹 animation 和 sound，其中 animation 文件夹中是一系列动画图片，如图 3-3 所示，sound 文件夹中是一系列声音文件，如图 3-4 所示。

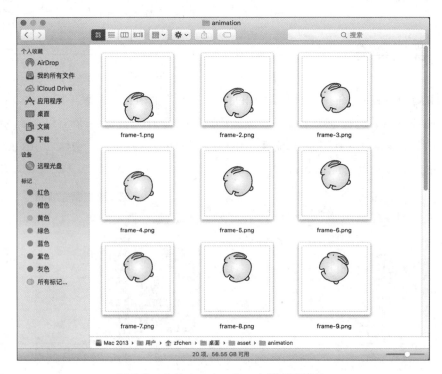

图 3-3　文件夹 animation 中的系列图片

图 3-4　sound 文件夹中的声音文件

3.2 音频播放

在 iOS 中，音频播放从形式上可以分为音效播放和音乐播放。前者主要指的是一些短音频播放，通常作为点缀音频，对于这类音频不需要进行进度、循环等控制。后者指的是一些较长的音频，通常是主音频，对于这些音频的播放通常需要进行精确的控制。在 iOS 中播放两类音频原来分别使用 AudioToolbox 和 AVFoundation 来完成音效和音乐播放，现在都整合到 AVFoundation 中了。

音效，又称"短音频"，通常在程序中的播放时长为 1~2 s，在 APP 开发的过程中添加音效，往往能起到点缀效果，提升整体用户体验。下面简单介绍 Swift 中音效的播放以及对系统方法的封装。播放音效相关的 API 封装在 AVFoundation 框架中，一般来说只需要简单的三部曲，就能实现音效的播放。播放音效的步骤：

① 定义一个 SystemSoundID。
② 根据某一个音效文件，给 soundID 进行赋值。
③ 播放音效。

如果播放较大的音频或者要对音频有精确的控制，则 System Sound Service 可能就很难满足实际需求了，通常这种情况会选择使用 AVAudioPlayer 来实现。AVAudioPlayer 可以看成一个播放器，它支持多种音频格式，而且能够进行进度、音量、播放速度等控制。AVAudioPlayer 的使用比较简单，步骤如下：

① 初始化 AVAudioPlayer 对象，此时通常指定本地文件路径。
② 设置播放器属性，例如，重复次数、音量大小等。
③ 调用 play 方法播放。

3.2.1　声音播放方法（林中鸟鸣）

在实现项目"听音看形识动物"前，我们先做一个小项目"林中鸟鸣"，主要实现用一个按钮触摸事件来播放一个音频文件。

1. 项目界面规划

根据"林中鸟鸣"项目的要求，界面设计如图 3-5 所示。

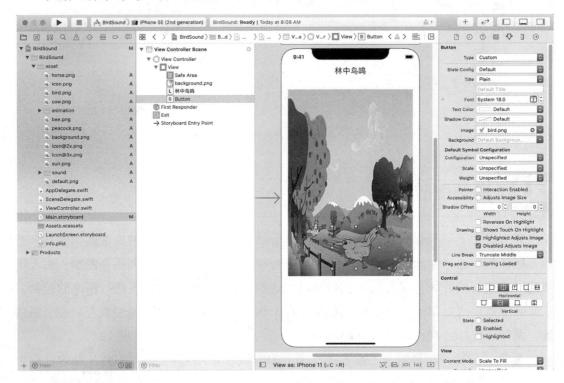

图 3-5 "林中鸟鸣"界面

通过分析可以看到，界面上共有 3 个组件：1 个是 Label，1 个是 ImageView，还有 1 个是 Button，其中背景为 1 个 ImageView，小鸟为一个 Button，设置为 Action，事件名称为 onClicked。

程序的运行过程：用户点击小鸟（Button），产生事件触发 onClicked 函数，调用相关程序，播放音频文件 bird.mp3，这样，就可以听到小鸟的鸣叫声了。

2. 项目实现步骤

新建一个 Xcode 工程，程序语言为 Swift，用户界面为 Storyboard，名称为 BirdSound，保存到桌面（Desktop）上。

打开 Main.storyboard 文件，使用快捷键【Shift+Command+L】打开库，从库中拖放 3 个组件到 Storyboard 中，设置好大小和 Autoresizing，如图 3-6 所示。

将资源文件夹 asset 拖放到 Xcode 的工程文件夹中，拖入过程在弹出的菜单中设置选项，如图 3-7 所示。

设置 ImageView 的图片 background.png。同样地，设置 Button 的图片为 bird.png，如图 3-8 所示。

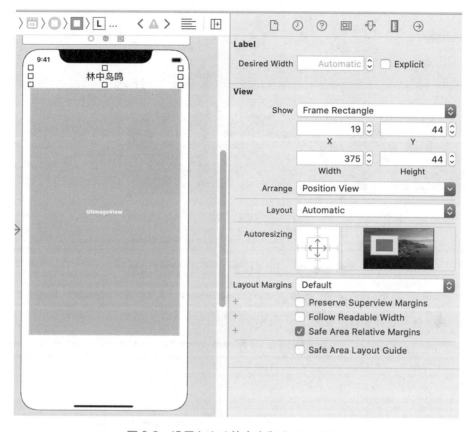

图 3-6　设置 Label 的大小和 Autoresizing

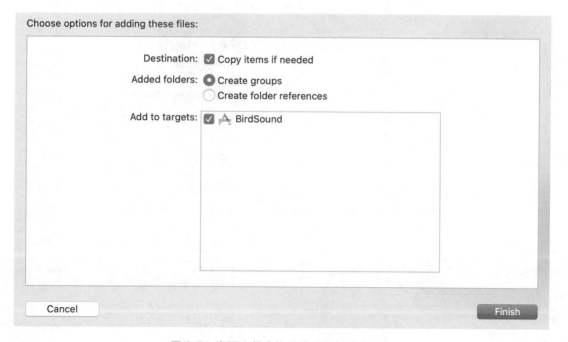

图 3-7　资源文件夹拖放进工程的选项设置

图 3-8　ImageView 和 Button 的图片设置

设置 Button 的 Action 事件触发函数为 onClicked，可以查看到事件 Touch Up Inside 将触发调用函数 onClicked，如图 3-9 所示。

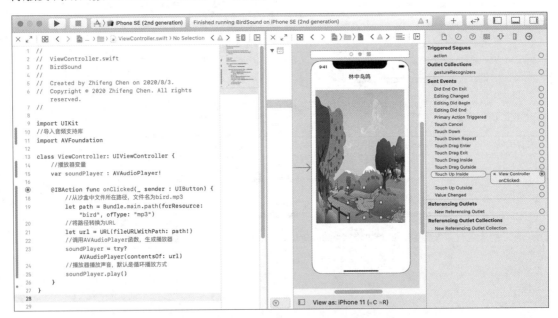

图 3-9　Button 的事件 Touch Up Inside 触发 onClicked 函数

打开 ViewController.swift 文件，在合适的位置输入相关源代码并编译运行，单击"小鸟"按钮，就可以听到鸟鸣声。

```
//
//  ViewController.swift
//  BirdSound
//
//  Created by Zhifeng Chen on 2020/8/3.
```

```
//  Copyright © 2020 Zhifeng Chen. All rights reserved.
//

import UIKit
// 导入音频支持库
import AVFoundation

class ViewController: UIViewController {
    // 播放器变量
    var soundPlayer : AVAudioPlayer!
    
    @IBAction func onClicked(_ sender : UIButton) {
        // 从沙盒中读取文件所在路径，文件名为 bird.mp3
        let path = Bundle.main.path(forResource: "bird", ofType: "mp3")
        // 将路径转换为 URL
        let url = URL(fileURLWithPath: path!)
        // 调用 AVAudioPlayer 函数，生成播放器
        soundPlayer = try? AVAudioPlayer(contentsOf: url)
        // 播放器播放声音，默认是循环播放方式
        soundPlayer.play()
    }
}
```

3.2.2 声音文件制作

现在可以采用 macOS 自带的系统软件 QuickTime Player 来录音，这样就可以制作拥有自己声音的软件了。

1. 在 Launchpad 中找到并运行 QuickTime Player

打开 Launchpad，找到 Other 文件夹，打开 Other，可以看到 QuickTime Player 图标，如图 3-10 所示。

图 3-10　QuickTime Player 图标

2. 在菜单"文件"中找到"新建音频录制"命令

运行 QuickTime Player，在系统菜单中单击"文件"→"新建音频录制"命令，如图 3-11 所示。

图 3-11　菜单"文件"中的"新建音频录制"命令

3. 运行"新建音频录制"命令

运行"新建音频录制"命令，显示音频录制窗口，如图 3-12 所示。

4. 单击"录制"按钮，开始录制音频

单击红色"录制"按钮，开始录制，显示当前时长和文件大小，如图 3-13 所示。

图 3-12　音频录制窗口　　　　图 3-13　音频开始录制，显示相关信息

5. 录制完成，单击播放

音频录制完成后，单击"播放"按钮，如图 3-14 所示，听一下音频。

6. 音频文件保存菜单

选择 QuickTime Player 的菜单"文件"→"存储…"命令，如图 3-15 所示。

听音看形识动物 第3章

图 3-14 录制完成，单击播放

图 3-15 菜单"文件"→"存储…"命令

7. 保存的文件名称和位置

选择保存的文件名和位置，如图 3-16 所示。

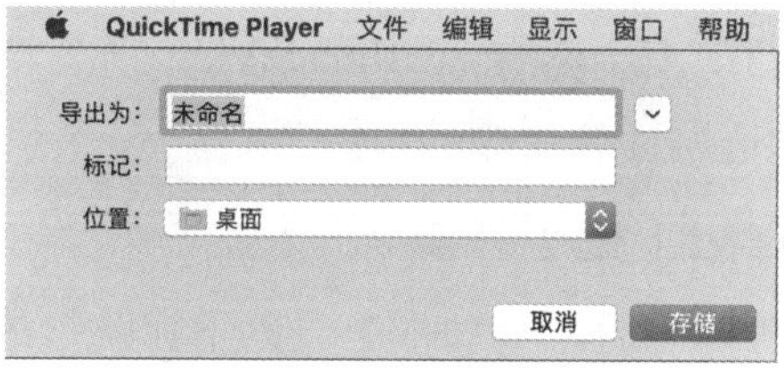

图 3-16 保存的文件名和位置

3.3 动画播放

动画是将静止的画面变为动态的艺术，实现由静止到动态，主要是靠人眼的视觉残留效应。利用人的这种视觉生理特性可制作出具有高度想象力和表现力的动画影片。通过不断变化的图片进入人眼，通过视觉暂留形成连贯的动作，如图 3-17 所示。

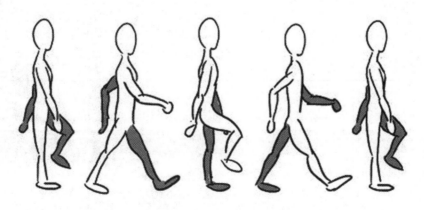

图 3-17 动画的一帧一帧图片

113

动画的英文有很多表述，如 animation、cartoon、animated cartoon、cameracature。其中较正式的"Animation"一词源自于拉丁文字根 anima，意思为"灵魂"，动词 animate 是"赋予生命"的意思，引申为使某物活起来的意思。所以动画可以定义为使用绘画的手法，创造生命运动的艺术。

从表面上看，电影胶片把一堆画面串在一条塑料胶片上。每一个画面称为一帧，代表电影中的一个时间片段。这些帧的内容总比前一帧有微小的变化，这样，当电影胶片在投影机上放映时，人就产生了运动的错觉：每一帧都很短并且很快被另一个帧所代替，这样就产生了运动。

iOS 动画没什么不同，就像一个个运动的画片一样，它包括许多独立的帧，每一帧都与前一帧略有不同。当移动时间轴上的播放头或放映电影时，用户在场景上所看到的就是每帧的图形内容，每帧图形的内容略有变化，当帧以足够快的速度放映时就会产生运动的错觉。其原理都是制作一张张的静态的图片，然后迅速地播放出来，利用人眼的视觉暂留，形成动画效果。

在 iOS 开发中，常见的动画主要有：UIImageView 所支持的系列图片动画；UIView 支持的旋转、平移、缩放和透明度变化等动画。

3.3.1 动画播放方法（兔子弹跳）

在实现小项目"林中鸟鸣"后，增加一个"兔子弹跳"的动画。程序运行开始后，就会出现一只兔子在做弹跳动作。

1. 项目界面规划

根据"兔子弹跳"项目的要求，在原来"林中鸟鸣"的基础上，新增加 1 个 ImageView，设置其 Outlet 为 jumpImageView；同时，重载 UIViewController 的 viewDidLoad 函数，以便于在 Main.Storyboard 显示的时候，能被自动调用。这样程序一启动，就会看到兔子在跳动。整个界面设计如图 3-18 所示。

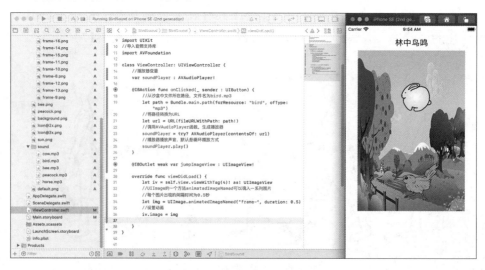

图 3-18 "兔子弹跳"运行界面

2. 项目实现步骤

打开"林中鸟鸣"工程,在 Main.storyboard 中,使用快捷键【Shift+Command+L】打开库,从库拖放一个 ImageView 到界面中,设置好位置、大小和 Autoresizing。

设置该 ImageView 的 Outlet,其变量名称为 jumpImageView。设置该 ImageView 的图片设置为 frame-1.png,其 tag 为 4,如图 3-19 所示。

图 3-19 ImageView 的 tag 设置

本工程中拥有一系列的动画图片,其文件名有规律:分别为 frame-1.png,frame-2.png,frame-3.png,……,frame-19.png,则可以采用以下程序代码来播放这个系列图片动画:

```
let iv = self.view.viewWithTag(4)! as! UIImageView
//UIImage 的一个方法 animatedImageNamed 可以调入一系列图片
// 每个图片出现的间隔时间为 0.5 秒
let img = UIImage.animatedImageNamed("frame-", duration: 0.5)
// 设置动画
iv.image = img
```

在合适的位置输入代码,如图 3-20 所示。

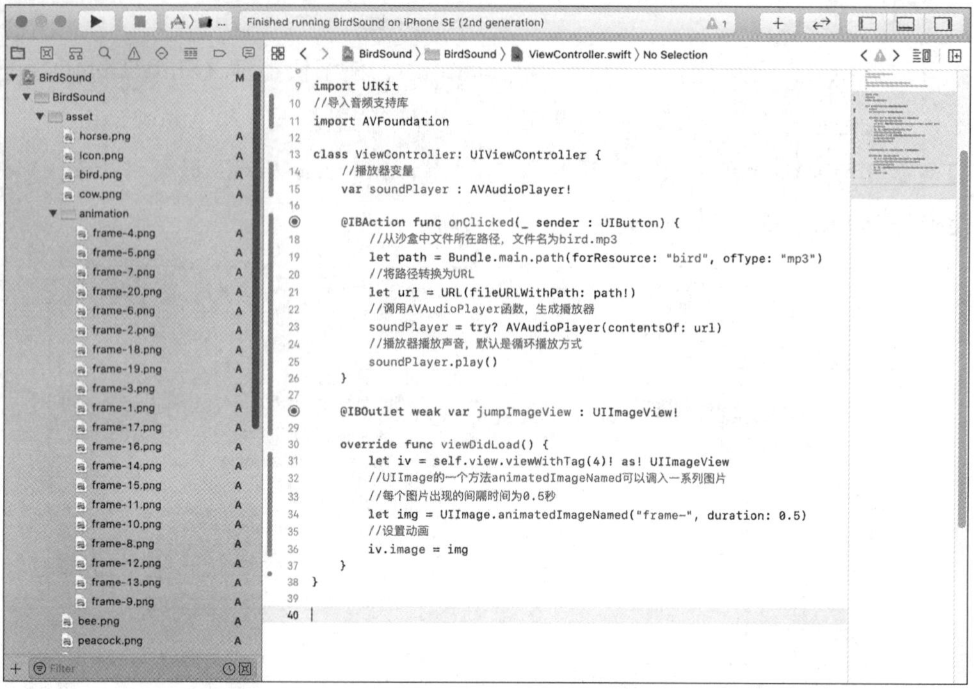

图 3-20 "兔子弹跳"代码的输入

当然，也可以将这些文件添加到数组中，采用以下程序代码来播放这个系列图片动画：

```
var imgs : Array<UIImage> = []
for i in 1...19 {
    let img = UIImage(named: "frame-\(i).png")!
    imgs.append(img)
}
let imgView = self.view.viewWithTag(4) as! UIImageView
imgView.animationImages = imgs
imgView.animationDuration = 0.8
imgView.startAnimating()
```

3.3.2　UIView 动画播放方法

1. UIView 的旋转动画

如果现在工程中有一个组件，其 tag 为 4，则可以采用以下程序代码来旋转这个组件，本例中旋转 360°。

```
let iv = self.view.viewWithTag(4)!
UIView.animate(withDuration: 2, animations: {
    iv.transform = iv.transform.rotated(by: CGFloat(360))
})
```

2. UIView 的平移动画

如果现在工程中有一个组件，其 tag 为 4，则可以采用以下程序代码来平移这个组件。

```
let iv = self.view.viewWithTag(4)!
UIView.animate(withDuration: 2, animations: {
    iv.frame.origin.x += 100
    if iv.frame.origin.x > self.view.frame.size.width {
        iv.frame.origin.x = 0
    }
})
```

3. UIView 的缩放动画

如果现在工程中有一个组件，其 tag 为 4，则可以采用以下程序代码来缩放这个组件，本例中缩小为原来的 0.8。

```
let iv = self.view.viewWithTag(4)!
UIView.animate(withDuration: 2, animations: {
    iv.transform = CGAffineTransform(scaleX: 0.8, y: 0.8)
})
```

4. UIView 的透明度动画

如果现在工程中有一个组件，其 tag 为 4，则可以采用以下程序代码将这个组件的透明度设置为 0.1。

```
let iv = self.view.viewWithTag(4)!
UIView.animate(withDuration: 2, animations: {
    iv.alpha = 0.1
})
```

3.4 视频播放

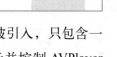

视频播放一般采用 AVKit。这个框架相对比较简单，从 iOS8 开始被引入，只包含一个 AVPlayerViewController 类。它是 UIViewController 的子类，用于展示并控制 AVPlayer 实例的播放。

AVPlayerViewController 提供以下几个属性：

① player：用来播放媒体内容的 AVPlayer 实例。

② showsPlaybackControls：用来表示播放控件是否显示或隐藏。

③ videoGravity：视频的显示区域设置。

④ readForDisplay：通过观察这个布尔值类型的值来确定视频内容是否已经准备好进行展示。

和采用 macOS 自带的系统软件 QuickTime Player 录音类似，用户也可以自己制作视频，如图 3-21 所示。

图 3-21　QuickTime Player 制作视频

如果播放沙盒中的视频文件，代码相对简单，界面上放置 1 个 Button，设置其 Action 为事件函数 Play，如图 3-22 所示。

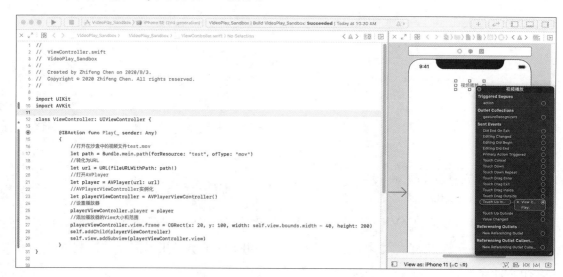

图 3-22　播放视频界面

```
//
//  ViewController.swift
//  VideoPlay_Sandbox
```

```
//
//  Created by Zhifeng Chen on 2020/8/3.
//  Copyright © 2020 Zhifeng Chen. All rights reserved.
//

import UIKit
import AVKit

class ViewController: UIViewController {
    
    @IBAction func Play(_ sender: Any)
    {
        // 打开在沙盒中的视频文件 test.mov
        let path = Bundle.main.path(forResource: "test", ofType: "mov")
        // 转化为 URL
        let url = URL(fileURLWithPath: path!)
        // 打开 AVPlayer
        let player = AVPlayer(url: url)
        //AVPlayerViewController 实例化
        let playerViewController = AVPlayerViewController()
        // 设置播放器
        playerViewController.player = player
        // 添加播放器的 View 大小和范围
        playerViewController.view.frame = CGRect(x: 20, y: 100, width: self.view.bounds.width - 40, height: 200)
        self.addChild(playerViewController)
        self.view.addSubview(playerViewController.view)
    }
}
```

当然，有时候想直接播放网络中的视频，那应该如何设置呢？

苹果应用商店规定 2017 年 1 月 1 日以后，所有 APP 都要使用 HTTPS 进行网络请求，否则无法上架。当然苹果公司为了调试的方便，也允许使用 HTTP 请求。

如果在创建工程通过网络链接下载图片时，出现如下错误信息，说明没有设置 HTTP 请求的许可使用：

App Transport Security has blocked a cleartext HTTP (http://) resource load since it is insecure. Temporary exceptions can be configured via your app's Info.plist file.

HTTP 请求的许可使用设置，如图 3-23 所示。

图 3-23 在 info.plist 中设置 HTTP 请求的许可

第一步：打开 info.plist 文件，单击箭头所指的 + 号。

第二步：选中 App Transport Security Settings 选项。

第三步：先单击小箭头，方向朝下；然后单击 + 号；选中 Allow Arbitrary Loads 选项。

第四步：选中为 :YES。

```swift
//
//  ViewController.swift
//  VideoPlay_Network
//
//  Created by Zhifeng Chen on 2020/8/3.
//  Copyright © 2020 Zhifeng Chen. All rights reserved.
//

import UIKit
import AVKit

class ViewController: UIViewController {

    @IBAction func NetworkPlay(_ sender: UIButton) {
        let neturl = "http://bos.nj.bpc.baidu.com/tieba-smallvideo/11772_3c435014fb2dd9a5fd56a57cc369f6a0.mp4"
        guard let networkUrl = URL(string: neturl ) else { return }
        // 播放网络上的视频
        let player = AVPlayer(url: networkUrl)
        let playerViewController = AVPlayerViewController()
        playerViewController.player = player
        // 弹出新窗口
        self.present(playerViewController, animated: true, completion: nil)
    }
```

}

3.5 项目实现

在前面知识的基础上，我们进一步来实现整个"听音看形识动物"项目。

3.5.1 听音看形识动物

1. 规划界面

打开 Main.storyboard，使用快捷键【Shift+Command+L】打开库，从库中依次拖放 1 个 ImageView 作为背景，1 个 ImageView 用于兔子跳动动画，1 个 Button 用于播放视频（小鸟），1 个 Button 用于播放音频（牛），1 个 Button 用于播放音频（蜜蜂）。这样共拖放 5 个组件，设置好大小、位置和 Autoresizing，如图 3-24 所示。

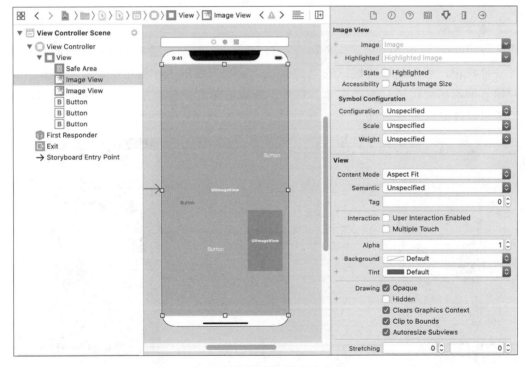

图 3-24　界面规划的 5 个组件

2. 设置属性

背景 ImageView 设置为图片 background.png；兔子动画 ImageView 设置为图片 frame-1.png，其 tag 设置为 4；小鸟 Button 设置为图片 bird.png；牛 Button 设置为图片 cow.png，其 title 设置为 cow；蜜蜂 Button 设置为 bee.png，其 title 设置为 bee，如图 3-25 所示。

图 3-25　设置属性

3. 播放视频

小鸟 Button 设置 Action，其名称为 onPlayVideo。和前面播放视频程序不同的是，增加了一个标记，用于记录该按钮的当前状态，从而实现单击按钮 1 次，播放视频，再单击按钮，则不播放视频，依次重复。另外，视频显示的位置也是根据按钮所在的位置决定的，播放效果如图 3-26 所示。

图 3-26　视频播放效果

4. 播放音频

蜜蜂 Button 和牛 Button 设置链接到同一个 Action，其名称为 onPlayAudio，输入程序后运行，触摸牛和蜜蜂，会发出不同的声音。这是为什么呢？和前面的播放声音的程序相比较，就多了 let title = sender.currentTitle。这句程序就是获得当前按钮的 title，然后把这个 title 作为声音文件名，如图 3-27 所示。

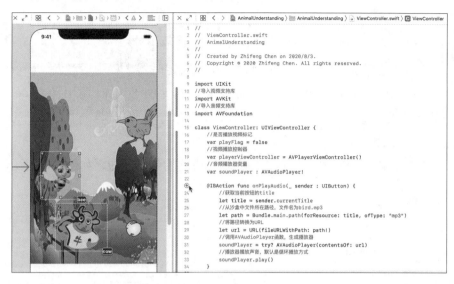

图 3-27　两个 UIButton 都连接到了同一个 Action

5. 播放动画

程序启动后，自动播放兔子跳动的动画，这就需要重载 viewDidLoad 函数，如图 3-28 所示。

图 3-28　重载 viewDidLoad 函数，程序运行马上启动兔子动画

6. Timer 定时器

时间控制器 Timer 可以实现定时器功能，即每隔一定时间执行具体函数，可以重复

也可以只执行一次。

```
Timer.scheduledTimer (timeInterval: 2.0, target: self, selector:
#selector(doTimer), userInfo: nil, repeats: true)
```

其中，Timer 是系统对象，timeInterval: 2.0 代表定时器 2 秒中后触发，target: self 代表目标的归属，selector: #selector(doTimer) 代表定时事件发生时调用函数 doTimer()，userInfo: nil 代表用户信息为 nil，repeats: true 代表这个定时器要一直运行下去，如为 false，则只执行一次。

通过定时器，就可以轻松实现具有 360 旋转跳动的兔子功能，如图 3-29 所示。

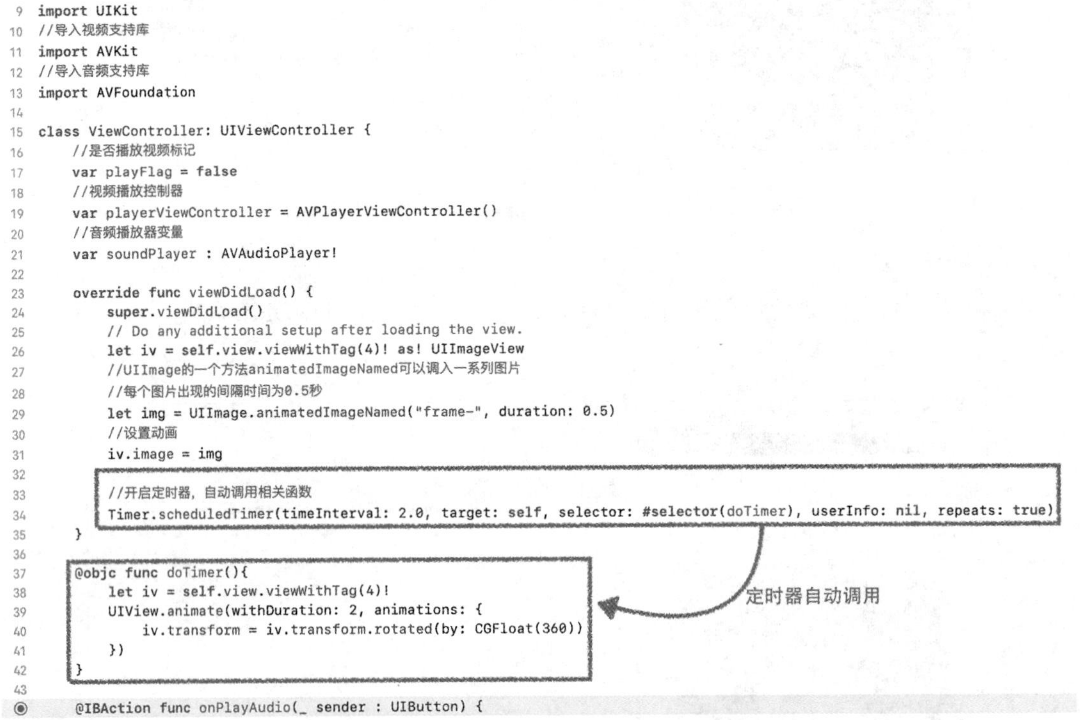

```
 9  import UIKit
10  //导入视频支持库
11  import AVKit
12  //导入音频支持库
13  import AVFoundation
14
15  class ViewController: UIViewController {
16      //是否播放视频标记
17      var playFlag = false
18      //视频播放控制器
19      var playerViewController = AVPlayerViewController()
20      //音频播放器变量
21      var soundPlayer : AVAudioPlayer!
22
23      override func viewDidLoad() {
24          super.viewDidLoad()
25          // Do any additional setup after loading the view.
26          let iv = self.view.viewWithTag(4)! as! UIImageView
27          //UIImage的一个方法animatedImageNamed可以读入一系列图片
28          //每个图片出现的间隔时间为0.5秒
29          let img = UIImage.animatedImageNamed("frame-", duration: 0.5)
30          //设置动画
31          iv.image = img
32
33          //开启定时器，自动调用相关函数
34          Timer.scheduledTimer(timeInterval: 2.0, target: self, selector: #selector(doTimer), userInfo: nil, repeats: true)
35      }
36
37      @objc func doTimer(){
38          let iv = self.view.viewWithTag(4)!
39          UIView.animate(withDuration: 2, animations: {
40              iv.transform = iv.transform.rotated(by: CGFloat(360))
41          })
42      }
43
        @IBAction func onPlayAudio(_ sender : UIButton) {
```

定时器自动调用

图 3-29 定时器应用在动画中的效果

7. 完整的代码

```
//
//  ViewController.swift
//  AnimalUnderstanding
//
//  Created by Zhifeng Chen on 2020/8/3.
//  Copyright © 2020 Zhifeng Chen. All rights reserved.
//

import UIKit
// 导入视频支持库
```

```swift
import AVKit
// 导入音频支持库
import AVFoundation

class ViewController: UIViewController {
    // 是否播放视频标记
    var playFlag = false
    // 视频播放控制器
    var playerViewController = AVPlayerViewController()
    // 音频播放器变量
    var soundPlayer : AVAudioPlayer!
    
    override func viewDidLoad() {
        super.viewDidLoad()
        // Do any additional setup after loading the view.
        let iv = self.view.viewWithTag(4)! as! UIImageView
        //UIImage 的一个方法 animatedImageNamed 可以调入一系列图片
        // 每个图片出现的间隔时间为 0.5 秒
        let img = UIImage.animatedImageNamed("frame-", duration: 0.5)
        // 设置动画
        iv.image = img
        
        // 开启定时器,自动调用相关函数
        Timer.scheduledTimer(timeInterval: 2.0, target: self, selector: #selector(doTimer), userInfo: nil, repeats: true)
    }
    
    @objc func doTimer(){
        let iv = self.view.viewWithTag(4)!
        UIView.animate(withDuration: 2, animations: {
            iv.transform = iv.transform.rotated(by: CGFloat(360))
        })
    }
    
    @IBAction func onPlayAudio(_ sender : UIButton) {
        // 获取当前按钮的 title
        let title = sender.currentTitle
        // 从沙盒中读取文件所在路径,文件名为 bird.mp3
        let path = Bundle.main.path(forResource: title, ofType: "mp3")
        // 将路径转换为 URL
        let url = URL(fileURLWithPath: path!)
        // 调用 AVAudioPlayer 函数,生成播放器
        soundPlayer = try? AVAudioPlayer(contentsOf: url)
        // 播放器播放声音,默认是循环播放方式
        soundPlayer.play()
    }
```

```swift
@IBAction func onPlayVideo(_ sender: UIButton) {
    if !playFlag {
        // 打开在沙盒中的视频文件 test.mov
        let path = Bundle.main.path(forResource: "rollinwild", ofType: "mp4")
        // 转化为 URL
        let url = URL(fileURLWithPath: path!)
        // 打开 AVPlayer
        let player = AVPlayer(url: url)
        //AVPlayerViewController 实例化
        player.play()
        // 设置播放器
        playerViewController.player = player
        // 获得当前按钮的位置和尺寸
        let buttonPosition = sender.frame
        // 视频播放的位置 x
        let x = buttonPosition.origin.x-200
        // 视频播放的位置 y
        let y = buttonPosition.origin.y-120
        // 添加播放器的 View 大小和范围
        playerViewController.view.frame = CGRect(x: x, y: y , width: 200, height: 112)
        self.addChild(playerViewController)
        self.view.addSubview(playerViewController.view)
        playFlag = true
    }
    else {
        playerViewController.view.removeFromSuperview()
        playFlag = false
    }
}
```

3.5.2 屏幕旋转的处理

常见屏幕旋转的检测方法是利用手机内在支持的通知监听消息：

```
UIDeviceOrientationDidChangeNotification
```

当手机的物理方向发生变化的时候，将会发布这个通知，如果你监听这个通知，那么在通知的相应方法里面就可以处理旋转过程中需要的操作。

```swift
//1. 在控制器的 viewDidLoad() 适当的地方注册通知监听者
    // 设置 UIDevice 方向变化监听的通知
    NotificationCenter.default.addObserver(self, selector: #selector(receivedRotation(notification:)),name: NSNotification.Name.UIDeviceOrientationDidChange, object: nil)
```

```
//2.处理旋转过程中需要的操作
    //UIDevice旋转方向通知监听触发的方法
    func receivedRotation(notification : NSNotification){
        backgroundView.frame = CGRect(x: 0, y: 0, width: self.view.frame.size.width, height: self.view.frame.size.height)
    }
```

3.5.3 问题与提高

在运行中发现，按钮上的标题文字在某些情况下会显示出来，特别是将屏幕旋转后，比较影响程序的效果。有没有更好的办法呢？这个就是通过组件的 tag 值来区分哪个组件发生触摸事件了，然后播放相应的音频文件，这样就不再需要在每个按钮上设置标题了。这时候就需要为这些 Button 设置不同的 tag 数值，然后使用 switch-case 语句来实现不同声音文件的读取。

请读者完成相应的代码。

第4章

找出"你我"不同

玩游戏可以放松自己,那能不能开发一个自己的游戏呢?发挥你的眼力,找出两种图片之间的区别?通过寻找图像之间的差异,看看是否能在最快的时间内完成任务?大家一起来"找茬"吧。

4.1 项目简介

在悠闲中,在充满刺激恐怖的午夜里;在青青的草地上,还是蛙声一片的池塘边,都是适合我们放松心情的场景。本项目会在场景中随机位置生成不同的小图片,这样每次在相同场景下,找不同的答案都是不一样的。本项目需要准备4个640×400的场景图片(back01.png,…,back04.png)、5个40×40的小图片(bee.png、bird.png、flower.png、mogo.png和empty.png),以及1个透明的空白图片(empty.png)、3个图标文件(icon.png、icon@2x.png和icon@3x.png)和2个声音文件(birdsound.m4a和error.m4a),如图4-1所示。

项目的主要功能:3个按钮,其中"提示一下"按钮用于给用户提供一定的不同之处的红色背景标注,"重新来过"按钮用于重新计时开始游戏,"下一关"按钮用于更换背景画面,转换不同的背景。2个ImageView用于显示上下两个相同的图片背景,1个Label用于说明这个游戏的提示信息。在两个背景图片上显示很多小图片,用户可以找寻上下不同的图片并单击,单击正确会出现鸟鸣声,如果错误则发出打嗝声。运行效果如图4-2所示。

找出"你我"不同　第4章

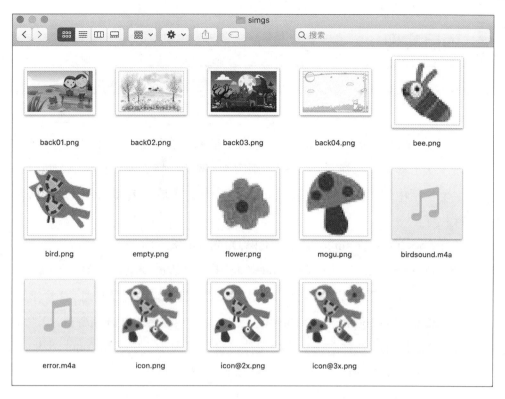

图 4-1　4 个场景图片和 5 个小图片

图 4-2　找不同运行效果

4.2 项目实现

4.2.1 主界面显示

1. 规划界面

在 macOS 中找到 Xcode，然后运行。在 Xcode 的欢迎界面中选择"新建一个 Xcode 工程"选项。从工程模板选择开发 iOS 应用程序，然后选择 Single View Application。在工程参数主要包括中输入工程的名称（Product Name），填写 DifferenceStep。最后选择存放在桌面上。

将准备好的资源文件夹 simgs 拖放到工程 DifferenceStep 中。

打开 Main.storyboard，Shift+Command+L 打开库，从库中依次拖放 2 个 ImageView 作为背景，1 个 Label 用于显示"找不同"，1 个 Label 用于显示提示信息，1 个 Button 用于在游戏遇到困难的时候提示，1 个 Button 用于开始游戏或者重新开始游戏，1 个 Button 用于更换关卡背景图片。这样共拖放 7 个组件，设置好大小、位置和 Autoresizing，设置好 Button 的 title 和 Label 中的文字，如图 4-3 所示。

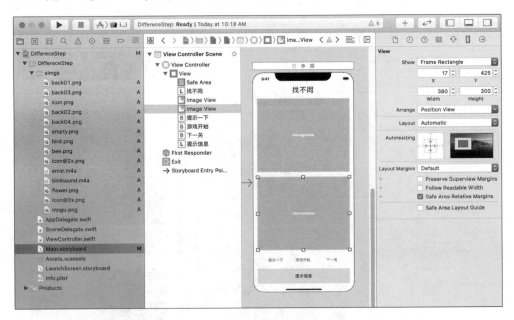

图 4-3　拖放组件并设置位置、大小和 Autoresizing

2. 设置属性

设置提示信息 Label 的属性 tag 为 1001，Lines 为 0；上下两个背景 ImageView 设置为图片 back01.png，其属性 tag 分别设置为 2001 和 2002，Content Mode 设置为 Aspect Fill（按比例扩展），如图 4-4 所示。

图 4-4　背景 ImageView 属性的设置

3. 设置 Action

在两个窗口打开 ViewController.swift 和 Main.storyboard，将 3 个 Button 的 Action 事件分别设置为 onTips、onBegin 和 onNext 函数，如图 4-5 所示。

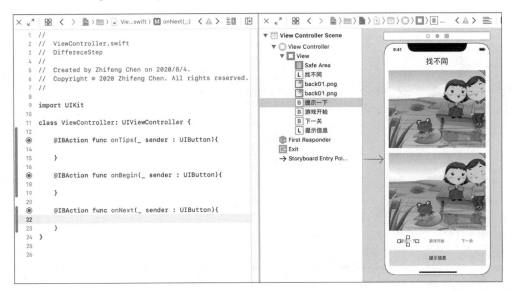

图 4-5　Action 的设置

4. 数组初始化

设计两个数组 iv1 和 iv2，分别用于存储 rows*cols 数量的元素。rows 和 cols 的数值赋值为 8，函数 1 用于数组 iv1 和 iv2 初始化，将其中每个元素都设定为字符串"empty"，如图 4-6 所示。

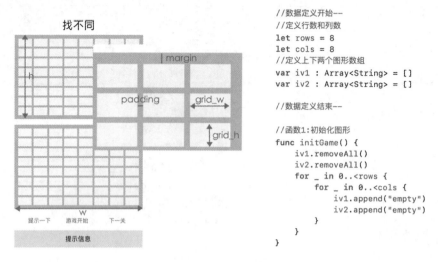

```
//数据定义开始--
//定义行数和列数
let rows = 8
let cols = 8
//定义上下两个图形数组
var iv1 : Array<String> = []
var iv2 : Array<String> = []

//数据定义结束--

//函数1：初始化图形
func initGame() {
    iv1.removeAll()
    iv2.removeAll()
    for _ in 0..<rows {
        for _ in 0..<cols {
            iv1.append("empty")
            iv2.append("empty")
        }
    }
}
```

图 4-6　数组及初始化函数

5. 图形化显示函数

我们设计上面的 ImageView 显示数组 iv1 中的内容，下面的 ImageView 显示数组 iv2 中的内容。格子的尺寸则由以下等式确定，请思考为什么？

grid_w = (w-margin*2-padding * (cols-1)) / cols

grid_h = (h-margin*2-padding * (rows-1)) / rows

```
// 函数 2：图形化显示数组
    func displayArrayGraph() {
        let myView1 = self.view.viewWithTag(2001) as! UIImageView
        let myView2 = self.view.viewWithTag(2002) as! UIImageView
        myView1.backgroundColor = .darkGray
        myView2.backgroundColor = .darkGray
        
        let h = myView1.frame.size.height
        let w = myView1.frame.size.width
        
        let padding : CGFloat = 5
        let margin : CGFloat = 10
        
        //计算每个格子的高度和宽度
        let grid_w = (w - margin * 2 - padding * CGFloat(cols-1)) / CGFloat(cols)
        let grid_h = (h - margin * 2 - padding * CGFloat(rows-1)) / CGFloat(rows)
        
        for i in 0..<rows {
            for j in 0..<cols {
                let x = margin + CGFloat(j) * (grid_w + padding)
                let y = margin + CGFloat(i)*(grid_h + padding)
                let rect = CGRect(x: x, y:y, width: grid_w, height: grid_h)
```

```
            // 在上面的 ImageView 中显示
            let fileName1 = iv1[i*cols+j]
            let img1 = UIImage(named: fileName1)
            let imgView1 = UIImageView(frame: rect)
            imgView1.image = img1
            imgView1.backgroundColor = .yellow
            myView1.addSubview(imgView1)
            // 在下面的 ImageView 中显示
            let fileName2 = iv2[i*cols+j]
            let img2 = UIImage(named: fileName2)
            let imgView2 = UIImageView(frame: rect)
            imgView2.image = img2
            imgView2.backgroundColor = .yellow
            myView2.addSubview(imgView2)
        }
    }
}
```

6. 实现图形化显示

单击"游戏开始"按钮，将依次调用 initGame 函数和 displayArrayGraph 函数，模拟器显示如图 4-7 所示。

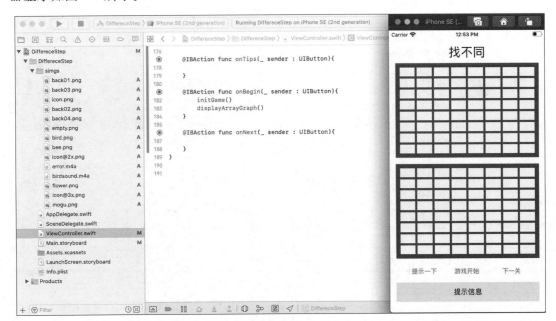

图 4-7　数组在模拟器中的图形化显示效果

4.2.2 基础功能

1. 功能规划

虽然主界面已经可以正确显示，那么接下来就要实现当读者发现不同点的时候，需要去点击触摸这个点，从而告诉计算机，我找到了一个不同点。根据前面的学习，现阶段，要实现触摸功能，必须借助 Button 的功能。由此，下一步需要实现将所有的图片放置在 Button 上，这样，发现不同点的时候，直接可以去触摸这个图片，系统接受到这个事件，然后调用相应的函数进行判断，最后显示其位置。

2. 图形化函数支持 Button

我们复制函数 2，建立函数 3，名称为 displayArrayGraphButton，部分代码需要修改，原来 ImageView 生成的修改为 Button 生成的代码即可，请大家对比函数 2 和函数 3 之间的不同。

```swift
// 函数3：图形化显示程序，支持Button
    func displayArrayGraphButton() {
        let myView1 = self.view.viewWithTag(2001) as! UIImageView
        let myView2 = self.view.viewWithTag(2002) as! UIImageView
        myView1.backgroundColor = .darkGray
        myView2.backgroundColor = .darkGray
        // 支持View可以进行交互等操作
        myView1.isUserInteractionEnabled = true
        myView2.isUserInteractionEnabled = true
        
        let h = myView1.frame.size.height
        let w = myView1.frame.size.width
        
        let padding : CGFloat = 5
        let margin : CGFloat = 10
        
        // 计算每个格子的高度和宽度
        let grid_w = (w - margin * 2 - padding * CGFloat(cols-1)) / CGFloat(cols)
        let grid_h = (h - margin * 2 - padding * CGFloat(rows-1)) / CGFloat(rows)
        
        for i in 0..<rows {
            for j in 0..<cols {
                let x = margin + CGFloat(j) * (grid_w + padding)
                let y = margin + CGFloat(i)*(grid_h + padding)
                let rect = CGRect(x: x, y:y , width: grid_w, height: grid_h)
                // 在上面的ImageView中显示
                let fileName1 = iv1[i*cols+j]
                let img1 = UIImage(named: fileName1)
                let btn1 = UIButton(frame: rect)
                btn1.setImage(img1, for: .normal)
                btn1.backgroundColor = .yellow
                //Button的tag设定为4000及以上
                btn1.tag = i*cols+j + 4000
                btn1.addTarget(self, action: #selector(buttonCheck(_:)), for: .touchUpInside)
```

```
            myView1.addSubview(btn1)
            // 在下面的 ImageView 中显示
            let fileName2 = iv2[i*cols+j]
            let img2 = UIImage(named: fileName2)
            let btn2 = UIButton(frame: rect)
            btn2.setImage(img2, for: .normal)
            btn2.backgroundColor = .yellow
            //Button 的 tag 设定为 5000 及以上
            btn2.tag = i*cols+j + 5000
            btn2.addTarget(self, action: #selector(buttonCheck(_:)),
for: .touchUpInside)
            myView2.addSubview(btn2)
        }
    }
}
```

3.Button 事件的响应函数

当不同点的 Button 被单击后，首先根据其 tag 的数值，来分析是上面还是下面的 Button，其具体位置，包括行号和列号。这个函数比较特殊，其前面有 @objc 标志，含义是按照 Objective C 的调用规范。函数 4 的功能是显示当前被单击的那个 Button 的行号和列号。

```
// 函数 4: 不同点的 Button 被单击后调用
    @objc func buttonCheck(_ sender : UIButton) {
        let tipsLabel = self.view.viewWithTag(1001) as! UILabel
        let tag = sender.tag
        if tag >= 5000 {
            let row = Int ((tag - 5000) / cols)
            let col = tag - 5000 - cols * row
            print("Bottom(\(row),\(col))")
            tipsLabel.text = "Bottom(\(row),\(col))"
        }
        else if tag >= 4000 {
            let row = Int ((tag - 4000) / cols)
            let col = tag - 4000 - cols * row
            print("Top(\(row),\(col))")
            tipsLabel.text = "Top(\(row),\(col))"
        }
        else {
            print("Button.tag=\(sender.tag)")
            tipsLabel.text = "Button.tag=\(sender.tag)"
        }
    }
```

4. 相同干扰项函数

为了增加游戏的难度，需要在上面和下面两个 ImageView 上显示一些相同的小图片，这个就是函数 4，用于随机的生成干扰项，同时把这些位置记录在 cords 数组中。另外，还需要一个保存有小图片的数组 images。

```
// 函数5：生成干扰项的随机位置和随机内容
    func distractorCreate(mount:Int){
        for _ in 0..<mount {
            let col = Int(arc4random()) % cols
            let row = Int(arc4random()) % rows
            
            cords.append((row,col))
            // 从images提供的字符中选择一个
            let index = Int(arc4random()) % images.count
            // 影响iv1和iv2这两个图形
            iv1[cols*row + col] = images[index]
            iv2[cols*row + col] = images[index]
        }
    }
```

5. 新增数据定义

干扰项函数需要新增两个数组，因此需要修改数据定义部分内容，增加两个数组 cords 和 images。

```
    // 数据定义开始 --
    // 定义行数和列数
    let rows = 8
    let cols = 8
    // 定义上下两个图形数组
    var iv1 : Array<String> = []
    var iv2 : Array<String> = []
    // 定义上下相同的干扰项数组
    var cords : Array<(Int,Int)> = []
    // 干扰项和不同项只能是小图形
    let images : Array<String> = ["bird","bee","flower","mogu"]
    // 数据定义结束 --
```

6. 实现基础功能

修改单击"游戏开始"按钮所对应的事件函数 onBegin，依次调用 initGame 函数、distractorCreate(mount:5) 和 displayArrayGraphButton 函数，在模拟器单击相关小图片，其位置显示在调试窗口和提示 Label 中，如图 4-8 所示。

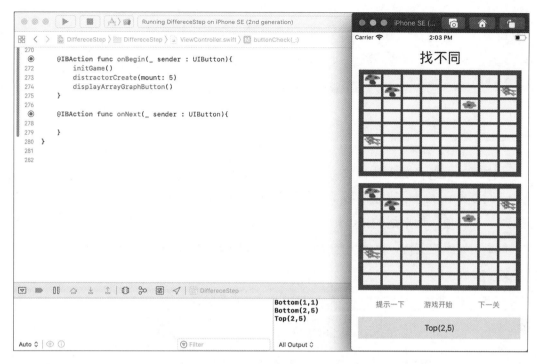

图 4-8 找不同基础功能运行效果

4.2.3 音效功能

1. 功能规划

在基础功能完成后，下面需要加入让游戏玩家寻找的不同项，玩家单击到不同项后，会有声音发出，这样既可以让玩家确保单击到位，也增加了兴趣。

2. 不同项函数

这些不同项是需要玩家通过眼睛观察找出来并单击，从而让程序来进一步判读玩家是否识别正确。不同项函数需要增加一个数组 errorCords 用于保存，其定义方式和 cords 一致，请读者自行定义。

```
// 函数6：生成不同项的随机位置和随机内容
    func differenceCreate(mount:Int){
        for _ in 0..<mount {
            let col = Int(arc4random()) % cols
            let row = Int(arc4random()) % rows
            
            errorCords.append((row,col))
            // 从 images 提供的字符中选择一个
            let index = Int(arc4random()) % images.count
            // 选择上面图形, 还是下面图形?
            let which = Int(arc4random()) % 2
            // 影响 iv1 和 iv2 这两个图形
```

```
            if which == 0 {
                iv1[cols*row + col] = images[index]
            }
            else {
                iv2[cols*row + col] = images[index]
            }
        }
    }
```

3. 修改 Button 函数支持音效

我们复制函数 4，建立函数 7，名称为 buttonCheckMusic，在 Button 事件中检查是否找到了不同项，如果是的话，则发出鸟鸣声；如果不是，则发出打嗝声。首先，增加 AVFoundation 库的支持；其次要增加一个 soundPlayer 播放器变量；最后在相应位置增加声音文件播放代码。

```
// 函数 7：不同点的 Button 被单击后调用，支持音效
    @objc func buttonCheckMusic(_ sender : UIButton) {
        let tipsLabel = self.view.viewWithTag(1001) as! UILabel
        var tag = sender.tag
        if tag >= 5000 {
            tag -= 5000
        }
        else if tag >= 4000 {
            tag -= 4000
        }
        let row = Int (tag / cols)
        let col = tag  - cols * row
        
        let result = errorCords.filter {
            $0 == (row,col)
        }
        if result.count >= 1 {
            let path = Bundle.main.path(forResource:"birdsound",ofType:"m4a")
            let url = URL(fileURLWithPath: path!)
            soundPlayer=try? AVAudioPlayer(contentsOf: url)
            soundPlayer.play()
            tipsLabel.text = "不同找到：(\(row),\(col))"
        }
        else {
             let path = Bundle.main.path(forResource: "error", ofType:"m4a")
            let url = URL(fileURLWithPath: path!)
            soundPlayer=try? AVAudioPlayer(contentsOf: url)
```

```
            soundPlayer.play()
            tipsLabel.text = "找错啦：(\(row),\(col))"
        }
    }
```

4. 实现音效功能

因为修改了 Button 事件响应函数的名称，就需要将图形化支持函数 displayArrayGraphButton 中的下述代码：

```
btn1.addTarget(self, action: #selector(buttonCheck(_:)), for: .touchUpInside)
btn2.addTarget(self, action: #selector(buttonCheck(_:)), for: .touchUpInside)
```

修改为：

```
btn1.addTarget(self, action: #selector(buttonCheckMusic(_:)), for: .touchUpInside)
btn2.addTarget(self, action: #selector(buttonCheckMusic(_:)), for: .touchUpInside)
```

修改单击"游戏开始"按钮所对应的事件函数 onBegin，依次调用 initGame 函数、distractorCreate(mount:5)、differenceCreate(mount:3) 和 displayArrayGraphButton 函数，在模拟器单击相关小图片，是否找到不同，显示在提示 Label 中，如图 4-9 所示。

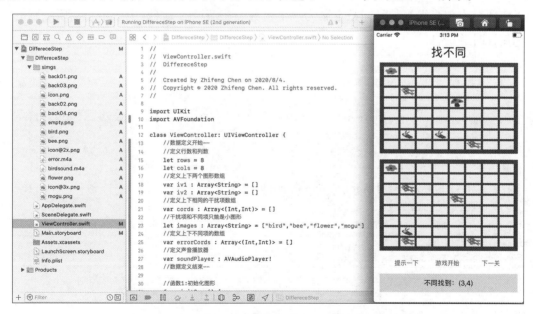

图 4-9 找不同实现音效功能

4.2.4 计时功能

1. 功能规划

游戏开始后，玩家能否在一定时间内找到所有的不同点，或者超过规定时间也没有找到。根据时间和找到的数量等情况，设定规则，什么情况是过关？哪些是挑战失败？

现在我们要为游戏设定一个开始标志 GameOver, 当规定的时间结束, 游戏就停止了, 记录游戏开始的时间戳, 规定游戏最长时间, 超过最长时间就是超时了, 也意味着游戏失败, 最后记录游戏时长。

```swift
// 游戏是否结束标记
var GameOver = false
// 游戏开始时间戳
var beginTimestamp : Int = 0
// 游戏限定时间, 单位：秒
let GamePeriod = 20
// 游戏本次花费时间, 单位：秒
var TimeCost = 0
```

另外, 还新增了一个 Label, 其位置在原来提示信息 Label 的下方, tag 值设定为 1002, 用于输出倒计时相关信息。

最后, 对还没有找到的不同进行数量统计, 并显示在提示信息 Label 中。

2. 定时器倒计时函数

倒计时函数, 通过一个 Timer 定时器来循环调用, 从而实现不断获得当前时间的能力, 为了方便, 也把获得当前时间戳定义为一个函数。在新增的 Label 中显示当前所花费的时间和倒计时等信息。

```swift
// 函数8：获得当前时间戳
    func getCurrentTimeStamp() -> Int {
        let now = Date()
        let timeInterval : TimeInterval = now.timeIntervalSince1970
        return Int(timeInterval)
    }

// 函数9：定时器倒计时函数, 显示当前消耗时间和倒计时
    func timeElapse() {
        Timer.scheduledTimer(withTimeInterval: 0.5, repeats: true) {
(timer) in
            let timestamp = self.getCurrentTimeStamp()
            let pastPeriod = timestamp - self.beginTimestamp
            let countDown = self.GamePeriod - pastPeriod
            self.TimeCost = pastPeriod
            if countDown <= 0 || self.GameOver {
                self.GameOver = true
                let tipsLabel = self.view.viewWithTag(1001) as! UILabel
                tipsLabel.text = "游戏结束, 共消耗时间\(self.TimeCost)秒"
                timer.invalidate()
            }
```

```
            let tipsLabel = self.view.viewWithTag(1002) as! UILabel
            DispatchQueue.main.async {
                tipsLabel.text = "您消耗\(pastPeriod)秒, 倒计时\(countDown)秒"
            }
        }
    }
```

3. 修改 Button 函数支持计时

复制函数7，新建函数10，函数名称为 buttonCheckMusicTimer，在支持声音的基础上，新增对 GameOver 标志的识别，统计还没有找到的不同点的数量，显示在提示信息 Label 处，任务完成时，消耗的时间等信息。

特别的，还支持痕迹保留，即单击过的地方，以不同颜色显示。

```
// 函数10: 不同点的Button被单击后调用，支持音效、计时、游戏结束
    @objc func buttonCheckMusicTimer(_ sender : UIButton) {
        if GameOver {return}
        let tipsLabel = self.view.viewWithTag(1001) as! UILabel
        var tag = sender.tag
        if tag >= 5000 {
            tag -= 5000
        }
        else if tag >= 4000 {
            tag -= 4000
        }
        let row = Int (tag / cols)
        let col = tag  - cols * row
        
        let result = errorCords.filter {
            $0 == (row,col)
        }
        let reserved = errorCords.filter {
            $0 != (row,col)
        }
        errorCords = reserved
        
        if result.count >= 1 {
            sender.backgroundColor = .red
            let path = Bundle.main.path(forResource: "birdsound", ofType: "m4a")
            let url = URL(fileURLWithPath: path!)
            soundPlayer=try? AVAudioPlayer(contentsOf: url)
            soundPlayer.play()
            tipsLabel.text = "不同找到: (\(row),\(col)), 还剩\(errorCords.count)个"
```

```swift
            if errorCords.count <= 0 {
                GameOver = true
                tipsLabel.text = "任务完成,共花费时间 \(self.TimeCost) 秒"
            }
        }
        else {
            sender.backgroundColor = .brown
            let path = Bundle.main.path(forResource: "error", ofType: "m4a")
            let url = URL(fileURLWithPath: path!)
            soundPlayer=try? AVAudioPlayer(contentsOf: url)
            soundPlayer.play()
            tipsLabel.text = "找错啦: (\(row),\(col))"
        }
    }
```

4. 功能实现

因为修改了 Button 事件响应函数的名称,就需要将图形化支持函数 displayArrayGraphButton 中的下述代码:

```swift
    btn1.addTarget(self, action: #selector(buttonCheckMusic(_:)), for: .touchUpInside)
    btn2.addTarget(self, action: #selector(buttonCheckMusic(_:)), for: .touchUpInside)
```

修改为:

```swift
    btn1.addTarget(self, action: #selector(buttonCheckMusicTimer(_:)), for: .touchUpInside)
    btn2.addTarget(self, action: #selector(buttonCheckMusicTimer(_:)), for: .touchUpInside)
```

修改单击"游戏开始"按钮所对应的事件函数 onBegin,依次如下调用:

```swift
        // 游戏结束标志
        GameOver = false
        // 获取游戏开始时间并保存
        beginTimestamp = getCurrentTimeStamp()
        // 倒计时
        timeElapse()
        // 数组初始化
        initGame()
        distractorCreate(mount: 5)
        differenceCreate(mount: 3)
    displayArrayGraphButton()
```

运行程序,在模拟器单击相关小图片,游戏开始,可以看到计时功能,单击小图片,会出现不同的颜色,如图 4-10 所示。

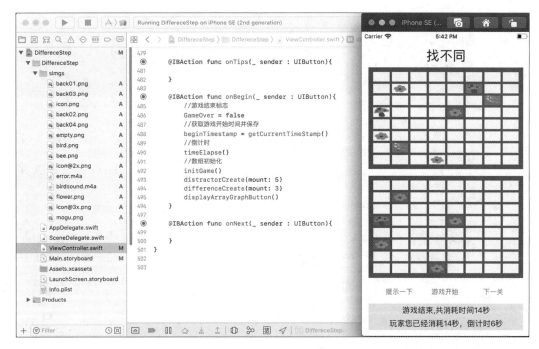

图 4-10 功能实现

4.2.5 游戏提示和关卡

1. 游戏提示

我们由于眼力有限，在短时间会不容易发现不同，这个时候就需要有一个提示功能，就会觉得特别有用。

为了实现提示功能，首先要设置一个标志 TipsFlag，然后修改图形化显示函数，最后在"提示一下"按钮中增加相关代码即可。

```
// 函数11：图形化显示程序，支持Button，支持提示功能
    func displayArrayGraphButtonTips() {
        let myView1 = self.view.viewWithTag(2001) as! UIImageView
        let myView2 = self.view.viewWithTag(2002) as! UIImageView
        myView1.backgroundColor = .darkGray
        myView2.backgroundColor = .darkGray
        // 支持View可以进行交互等操作
        myView1.isUserInteractionEnabled = true
        myView2.isUserInteractionEnabled = true
        
        let h = myView1.frame.size.height
        let w = myView1.frame.size.width
        
        let padding : CGFloat = 5
        let margin : CGFloat = 10
        
        // 计算每个格子的高度和宽度
```

```swift
            let grid_w = (w - margin * 2 - padding * CGFloat(cols-1)) / CGFloat(cols)
            let grid_h = (h - margin * 2 - padding * CGFloat(rows-1)) / CGFloat(rows)

            for i in 0..<rows {
                for j in 0..<cols {
                    let x = margin + CGFloat(j) * (grid_w + padding)
                    let y = margin + CGFloat(i)*(grid_h + padding)
                    let rect = CGRect(x: x, y:y , width: grid_w, height: grid_h)

                    // 在上面的 ImageView 中显示
                    let fileName1 = iv1[i*cols+j]
                    let tag1 = i*cols+j + 5000
                    addButton(view: myView1, rect: rect, fileName: fileName1, tag: tag1)

                    // 在下面的 ImageView 中显示
                    let fileName2 = iv2[i*cols+j]
                    let tag2 = i*cols+j + 4000
                    addButton(view: myView2, rect: rect, fileName: fileName2, tag: tag2)
                }
            }
        }

        // 函数12：View 上面添加 Button 的函数，提示功能，用于减少代码数量
        func addButton(view:UIView,rect:CGRect,fileName:String,tag:Int) {
            let img = UIImage(named: fileName)
            let btn = UIButton(frame: rect)
            btn.setImage(img, for: .normal)

            var mytag = tag
            if mytag >= 5000 {
                mytag -= 5000
            }
            else if mytag >= 4000 {
                mytag -= 4000
            }
            let row = Int (mytag / cols)
            let col = mytag  - cols * row

            let result = errorCords.filter {
                $0 == (row,col)
            }

            if result.count >= 1 && TipsFlag {
                btn.backgroundColor = .blue
```

```
        }
        else {
            btn.backgroundColor = .yellow
        }
        btn.tag = tag
        btn.addTarget(self, action: #selector(buttonCheckMusicTimer(_:)), for: .touchUpInside)
        view.addSubview(btn)
    }

    @IBAction func onTips(_ sender : UIButton){
        TipsFlag = !TipsFlag
        displayArrayGraphButtonTips()
    }

    @IBAction func onBegin(_ sender : UIButton){
        // 游戏结束标志
        GameOver = false
        // 获取游戏开始时间并保存
        beginTimestamp = getCurrentTimeStamp()
        // 倒计时
        timeElapse()
        // 数组初始化
        initGame()
        distractorCreate(mount: 5)
        differenceCreate(mount: 3)
        displayArrayGraphButtonTips()
    }
```

游戏开始，可以单击"提示一下"按钮后，实现提示功能，如图 4-11 所示。

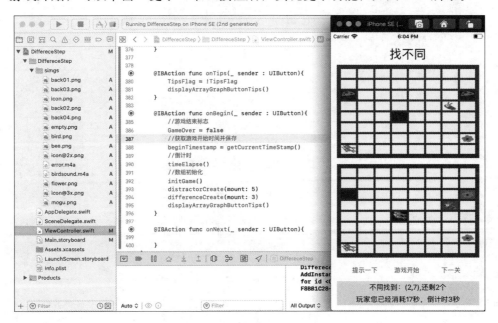

图 4-11　提示功能效果

2. 关卡设置

所谓关卡设置，就是玩家经常会面对一种情况，会变得枯燥无味，因此我们可以通过更换背景来设置不同的关卡。当然，还可以更改倒计时时间的长短，或者难度等级来进行关卡设置，这些就留给读者来完成了。

本书提供更换背景功能来设置关卡。

新增函数 13，修改函数 12 和函数 11。其中函数 11 变动较小，就是在第一，第二句程序后面，新增如下代码：

```
removeAllSubViews(view: myView1)
removeAllSubViews(view: myView2)
```

最后，在"下一关"按钮事件中增加了相关代码。

```
// 函数12：View 上面添加 Button 的函数，提示功能，用于减少代码数量
func addButton(view:UIView,rect:CGRect,fileName:String,tag:Int) {
    let img = UIImage(named: fileName)
    let btn = UIButton(frame: rect)
    btn.setImage(img, for: .normal)
    
    var mytag = tag
    if mytag >= 5000 {
        mytag -= 5000
    }
    else if mytag >= 4000 {
        mytag -= 4000
    }
    let row = Int (mytag / cols)
    let col = mytag  - cols * row
    
    let result = errorCords.filter {
        $0 == (row,col)
    }
    
    if result.count >= 1 && TipsFlag {
        btn.backgroundColor = .blue
        btn.tag = tag
        btn.addTarget(self, action: #selector(buttonCheckMusicTimer(_:)), for: .touchUpInside)
        view.addSubview(btn)
    }
    
    let result1 = cords.filter {
        $0 == (row,col)
    }
```

```swift
        if result1.count >= 1  {
            btn.tag = tag
            btn.addTarget(self, action: #selector(buttonCheckMusicTimer(_:)), for: .touchUpInside)
            view.addSubview(btn)
        }
    }
}

// 函数13：移除所有子控件
func removeAllSubViews(view:UIView){
    if view.subviews.count>0 {
        view.subviews.forEach({$0.removeFromSuperview()})
    }
}


@IBAction func onTips(_ sender : UIButton){
    TipsFlag = !TipsFlag
    displayArrayGraphButtonTips()
}

@IBAction func onBegin(_ sender : UIButton){
    // 游戏结束标志
    GameOver = false
    // 获取游戏开始时间并保存
    beginTimestamp = getCurrentTimeStamp()
    // 倒计时
    timeElapse()
    // 数组初始化
    initGame()
    distractorCreate(mount: 10)
    differenceCreate(mount: 8)
    displayArrayGraphButtonTips()
}

@IBAction func onNext(_ sender : UIButton){
    GameOver = true
    TipsFlag = false
    let myView1 = self.view.viewWithTag(2001) as! UIImageView
    let myView2 = self.view.viewWithTag(2002) as! UIImageView
    CurrentBackground += 1
    if CurrentBackground > 4 {
        CurrentBackground = 1
    }
    let image = UIImage(named: "back0\(CurrentBackground)")!
    myView1.image = image
    myView2.image = image
```

```
        removeAllSubViews(view: myView1)
        removeAllSubViews(view: myView2)
}
```

4.3 拓展学习：SwiftUI

声明式编程正在成为主流的开发方式。SwfitUI 带来了全新的可构建可重用的组件，采用了声明式编程思想。SwiftUI 将单一、简单的响应视图组合到烦琐、复杂的视图中去，而且在 Apple 的任何平台上都能使用该组件，达到了跨平台（仅限苹果设备）的效果。

用户交互过程中，会产生一个用户的 action，在 SwiftUI 中数据的流转过程如图 4-12 所示。

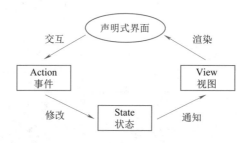

图 4-12　声明式编程原理

该行为触发数据改变，并通过 @State 数据源进行包装；@State 检测到数据变化，触发视图重绘；SwiftUI 内部按上述所说的逻辑，判断对应视图是否需要更新 UI，最终再次呈现给用户，等待交互。

以上就是 SwiftUI 的交互流程，其每一个节点之间的数据流转都是单向、独立的，无论应用程序的逻辑变得多么复杂，该模式与 Flux 和 Redux 架构的数据模式相类似。

内部由无数这样的单向数据流组合而成，每个数据流都遵循相应的规范，这样开发者在排查问题的时候，不需要再去找所有与该数据相关的界面进行排查，只需要找到相应逻辑的数据流，分析数据在流程中运转是否正常即可。不同场景中，SwiftUI 提供了不同的关键词：

① @State：视图和数据存在依赖，数据变化要同步到视图。

② @Binding：父子视图直接有数据的依赖，数据变化要同步到父子视图。

③ @BindableObject：外部数据结构与 SwiftUI 建立数据存在依赖。

④ @EnvironmentObject：跨组件快速访问全局数据源。

4.3.1 常见组件

前面采用 UIKit 来开发 iOS 程序，那么最新的 SwiftUI 和 UIKit 是不是完全一致，是不是很容易理解呢？按照用途大概能够分为基础组件、布局组件和功能组件。

下面先看一下 UIKit 和 SwiftUI 之间功能对应的组件：

① UITableView：List。

② UICollectionView：No SwiftUI equivalent。

③ UILabel：Text。

④ UITextField：TextField。

⑤ UITextField 密码星号显示：SecureField。

⑥ UITextView：没有相应的 SwiftUI 组件。

⑦ UISwitch：Toggle。

⑧ UISlider：Slider。

⑨ UIButton：Button。

⑩ UINavigationController：NavigationView。

⑪ UIAlertController 其类型为 .alert：Alert。

⑫ UIAlertController 其类型为 .actionSheet：ActionSheet。

⑬ UIStackView 水平方向：HStack。

⑭ UIStackView 垂直方向：VStack。

⑮ UIImageView：Image。

⑯ UISegmentedControl：SegmentedControl。

⑰ UIStepper：Stepper。

⑱ UIDatePicker：DatePicker。

⑲ NSAttributedString：在 SwiftUI 中采用 Text 来替代。

SwiftUI 的 Preview 是 Apple 的一大突破，类似 RN、Flutter 的 Hot Reloading。Apple 选择了直接在 macOS 上进行渲染，不过需要搭载有 SwiftUI.framework 的 macOS 10.15 才能够看到 Xcode Previews 界面。

Xcode 将对代码进行静态分析（得益于 SwiftSyntax 框架），找到所有遵守 PreviewProvider 协议的类型进行预览渲染。在 Xcode 11 中提供了实时预览和静态预览两项功能。实时预览：代码的修改能够实时呈现在 Xcode 的预览窗口中；此外，Xcdoe 还提供了快捷功能，通过 command+ 单击组件，可以快速、方便地添加组件和设置组件属性。

下面以 Button 为例，看一下声明式编程的基本格式，如图 4-13 所示。其中包含了一个 Button，其父视图是一个 ContenView，其实 ContenView 还会被一个 RootView 包含起来，RootView 是 SwiftUI 在 Window 上创建出来了。通过简单的几行代码，设置了按钮的单击事件、样式等。

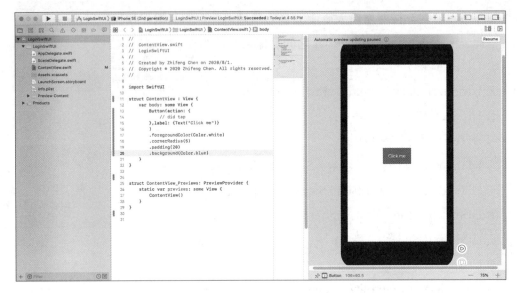

图 4-13　SwiftUI 中的 Button

4.3.2　登录界面的实现

在了解 SwiftUI 的常用组件后,下面就来实现一个登录界面。这个登录界面主要包括 1 个 Text(欢迎使用找不同),1 条 Divider(分隔线),1 个 Image(图片),1 个 TextField(用户名),1 个 SecureField(密码),一个 Button(按钮),单击按钮,则弹出 1 个 Alert(提示窗口),用于显示登录成功与否,如图 4-14 所示。

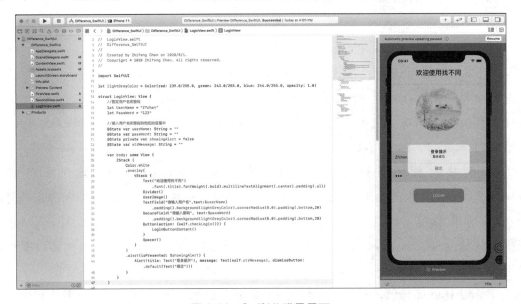

图 4-14　SwiftUI 登录界面

首先新建一个工程,名称为 LoginSwiftUI,在源程序 ContentView.swift 中,输入相关代码,得到没有美化的登录界面,如图 4-15 所示。

找出"你我"不同 第 4 章

图 4-15 初始的登录界面

然后进行适当的美化,得到效果如图 4-16 所示。

图 4-16 适当美化后的登录界面

```
//
//  ContentView.swift
//  LoginSwiftUI
//
//  Created by Zhifeng Chen on 2020/8/1.
//  Copyright © 2020 Zhifeng Chen. All rights reserved.
//
```

```swift
import SwiftUI

struct ContentView : View {
    
    @State var userName : String = ""
    @State var passWord : String = ""
    
    var body: some View {
        VStack {
            Text(" 欢迎使用找不同 ")
                .font(.title)// 字体大小为标题
                .padding()// 四周间隔
            Divider()
                .background(Color(.brown))// 背景色为 brown
            Image(systemName:"person" )// 系统图像 person
                .resizable()// 允许改变图像尺寸
                .frame(width: 150, height: 150)// 尺寸改为 150*150
                .cornerRadius(50)// 圆角半径 50
            
            VStack {
                TextField(" 请输入用户名 ", text: $userName)
                    .padding()// 四周默认间隔
                    .padding(.leading,10)// 前方间隔 10
                    .background(Color(.lightGray))// 背景色
                    .cornerRadius(15)// 圆角半径 15
                TextField(" 请输入密码 ", text: $passWord)
                    .padding()// 四周默认间隔
                    .padding(.leading,10)// 前方间隔 10
                    .background(Color(.lightGray))// 背景色
                    .cornerRadius(15)// 圆角半径 15
            }
            .padding() // 四周默认间隔
            
            Button(action: {
                print(" 被点击了 ...")
            }, label: {Text(" 登录 ")})
                .padding()
            
            Spacer()
        }
    }
}

struct ContentView_Previews: PreviewProvider {
    static var previews: some View {
```

```
            ContentView()
        }
    }
```

最后，加入图片 back02.png，自定义颜色 lightGrayColor，修改登录按钮中的代码，实现最终效果，如图 4-17 所示。

图 4-17 登录界面

```
//
//  ContentView.swift
//  LoginSwiftUI
//
//  Created by Zhifeng Chen on 2020/8/1.
//  Copyright © 2020 Zhifeng Chen. All rights reserved.
//

import SwiftUI

let lightGrayColor = Color(red: 239.0/255.0, green: 243.0/255.0, blue: 244.0/255.0, opacity: 1.0)

struct ContentView : View {
    
    //保存输入的用户名
    @State var userName : String = ""
    //保存输入的密码
    @State var passWord : String = ""
    //是否需要弹出 Alert 窗口
    @State private var alertFlag : Bool = false
    //弹出窗口里面的具体内容
    @State private var alertMsg : String = ""
```

```swift
var body: some View {
    VStack {
        Text(" 欢迎使用找不同 ")
            .font(.title)// 字体大小为标题
            .padding()// 四周间隔
        Divider()
            .background(Color(.brown))// 背景色为brown
        Image("back02" )// 图片back02.png
            .resizable()// 允许改变图像尺寸
            .frame(width: 150, height: 150)// 尺寸改为150*150
            .cornerRadius(150)// 圆角半径50
        
        VStack {
            TextField(" 请输入用户名 ", text: $userName)
                .padding()// 四周默认间隔
                .padding(.leading,10)// 前方间隔10
                .background(lightGrayColor)// 背景色
                .cornerRadius(15)// 圆角半径15
            TextField(" 请输入密码 ", text: $passWord)
                .padding()// 四周默认间隔
                .padding(.leading,10)// 前方间隔10
                .background(lightGrayColor)// 背景色
                .cornerRadius(15)// 圆角半径15
        }
        .padding()  // 四周默认间隔
        
        Button(action: {
            if self.userName == "Zfchen" && self.passWord == "123" {
                self.alertFlag = true
                self.alertMsg = " 登录成功 "
            }
            else {
                self.alertFlag = true
                self.alertMsg = " 登录失败 "
            }
        }, label: {
            Text(" 登录 ")
                .font(.headline)
                .foregroundColor(.white)
                .frame(width: 220, height: 60)
                .background(Color.green)
                .cornerRadius(15.0)
        })
        .padding()
        Spacer()
```

```
            }
            .alert(isPresented: $alertFlag) { () -> Alert in
                Alert(title: Text("登录提示"), message: Text(self.alertMsg),
dismissButton: .default(Text("确定")))
            }
        }
    }

    struct ContentView_Previews: PreviewProvider {
        static var previews: some View {
            ContentView()
        }
    }
```

第 5 章

组建平面图形乐队

我们知道,一般来说,一个乐队有两个主唱:一男一女,应对各种歌曲;架子鼓手是整个乐队的核心之一,因为节奏手和贝斯手听的就是架子鼓手的打拍来弹奏的;主音吉他也是乐队核心之一,主音吉他肩负着一首歌曲的很多部分;键盘手即电子琴手或者低频贝斯手用来打底子;节奏吉他手,就是配合主音吉他,完善一首歌曲。当然,如果新组建乐队,人手不足,可以暂时取消掉节奏吉他手和键盘手/贝斯手。

当然，在这里我们是模仿乐队，实现采用多个几何图形来分别代表各个乐器或者歌手，每个几何图形和一个音乐节奏对应起来，用户可以通过触摸不同的图形来完成简单音乐的演奏。

5.1 初识图形世界

macOS 和 iOS 支持多种图形图像处理 API：UIKit、Core Graphics/Quartz 2D、Core Animation、OpenGL ES 及 Metal、Core Image、Sprite Kit/Scene Kit。这些图形 API 包含的绘制操作都是在一个图形环境中进行绘制。一个图形环境包含绘制参数和所有的绘制需要的设备特定信息，包括屏幕图形环境、位图环境和 PDF 图形环境，用来在屏幕表面、一个位图或一个 PDF 文件中进行图形和图像绘制。屏幕图形绘制限定于在一个 UIView 类或其子类的实例中，并直接在屏幕显示，也可以只在位图或 PDF 图形环境中绘制。

5.1.1 坐标系

据说有一次笛卡儿生病了，躺在床上休息，但是他的大脑却没有休息，一直在思考通过什么方法把几何图形和代数方程关联起来，也就是几何图形中的每一个点怎么和方程的每一组解关联起来。这个时候他看到房顶上有一只蜘蛛在织网，蜘蛛在空中爬来爬去。他设想地上墙角的三面墙相交出三条线，把墙角作为原点，把这三条线作为数轴，那么蜘蛛某刻的位置可以通过这三条数轴上的数来表示，反过来，给定一组数便可以确定空间中的一点。后来笛卡儿发明了平面直角坐标系，当然上面的故事是三维空间的，只是为了说明，坐标系的作用是为了便于描述点的位置。

后人在笛卡儿的平面坐标系的基础上发明了三维坐标系，常用的三维坐标系分两种：左手坐标系和右手坐标系。左手坐标系和右手坐标系的规则示意如图 5-1 所示。

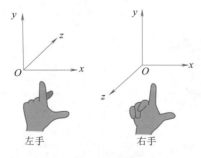

图 5-1 三维坐标系

弯曲中指，食指和拇指使它们两两相互垂直，拇指指向 x 轴正方向，食指指向 y 轴正方向，中指指向 z 轴正方向。左手坐标系使用左手，右手坐标系使用右手。图 5-1 中的左手坐标系或者右手坐标系整体旋转后性质不变，比如左手坐标系旋转后，使得 y 轴正方向向下，x 轴正方向保持向右，它依然是左手坐标系。

另外还有一个左手或者右手定则来判断旋转的正方向，握住拳头，拇指指向旋转轴的正方向，四指弯曲的方向为旋转的正方向。左手坐标系使用左手来判定，右手坐标系使用右手来判定，如图 5-2 所示。

在几何图形乐队这个项目中，我们使用平面直角坐标系这个二维坐标系来绘制图形。

Mac 和 iOS 中的各种坐标系有一点是不变的，z 轴的正方向总是指向观察者，也就是垂直屏幕平面向上。

在 Mac 中 NSView 的坐标系默认是右手坐标系（View 其实是二维坐标系，但是为了方便，可以假设其是三维坐标系，只是所有界面的变化都是在 xy 平面上），原点在左下角，如图 5-3 所示。

而在 iOS 的 UIView 中，则没有所谓的 Flipped Coordinate 的概念，统一使用左手坐标系，也就是坐标原点在左上角，如图 5-4 所示。

图 5-2　右手判定

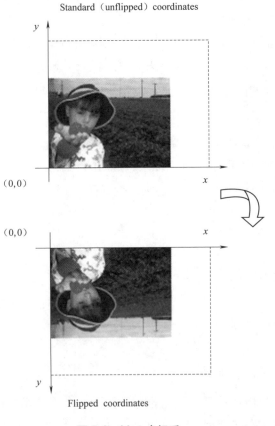

图 5-3　Mac 坐标系

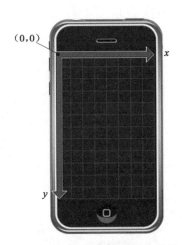

图 5-4　iOS 采用左上角坐标系

Quartz（Core Graphics）坐标系使用右手坐标系，原点在左下角，所以所有使用 Core Graphics 画图的坐标系都是右手坐标系，当使用 CG 的相关函数画图到 UIView 上的时候，需要注意 CTM 的 Flip 变换，否则会出现界面上图形倒过来的现象。由于 UIKit 提供的高层方法会自动处理 CTM（如 UIImage 的 drawInRect 方法），所以无须自己在 CG 的上下文中做处理。

CALayer 坐标系，其坐标系和平台有关，在 Mac 中 CALayer 使用的是右手坐标系，其原点在左下角；iOS 中使用的左手坐标系，其原点在左上角。

5.1.2 触摸事件

UIView 就是表示屏幕上的一块矩形区域，它在 APP 中占有绝对重要的地位，因为 iOS 中几乎所有的可视控件都是 UIView 的子类。

UIView 继承自 UIResponder，它是负责显示的画布，如果说把 Window 比作画框的话。我们就是不断地在画框上移除、更换或者叠加画布，或者在画布上叠加其他画布，大小当然由绘画者来决定。UIView 的功能：管理视图区域里的内容、处理视图区域中的事件、管理子视图，以及绘图、动画等，如图 5-5 所示。

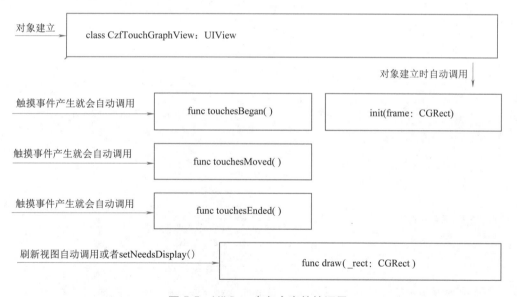

图 5-5　UIView 中各个事件的调用

UIView 的绘图方法和触摸事件，其中触摸事件继承自 UIResponder 的触摸事件的方法：

func draw(_ rect: CGRect)：重载该函数用于自定义绘图（UIView）。

func draw(_ layer: CALayer, in ctx: CGContext)：重载该函数用于自定义绘图（CALayer）。

func touchesBegan:withEvent: 当用户触摸到屏幕时调用方法。

func touchesEnded:withEvent: 当用户触摸到屏幕并移动时调用此方法。

func touchesMoved:withEvent: 当触摸离开屏幕时调用此方法。

func touchesCancled:withEvent: 当触摸被取消时调用此方法。

在用户使用 APP 过程中，会产生各种各样的事件，iOS 中的事件可以分为 3 大类型，如图 5-6 所示。

图 5-6　iOS 中的三类事件

在 iOS 中不是任何对象都能处理事件，只有继承了 UIResponder 的对象才能接收并处理事件，称之为"响应者对象"。UIApplication、UIViewController、UIView 都继承自 UIResponder，因此它们都是响应者对象，都能够接收并处理事件，如图 5-7 所示。

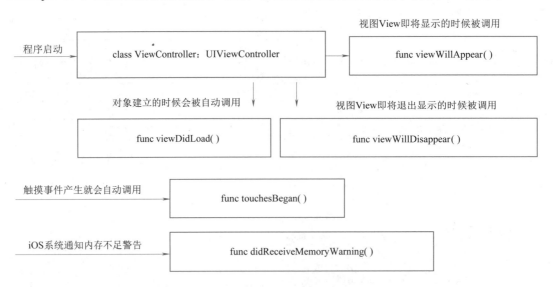

图 5-7　UIViewController 中的事件

一次完整的触摸过程中，只会产生一个事件对象，4 个触摸方法都是同一个 event 参数，如果两根手指同时触摸一个 view，那么 view 只会调用一次 touchesBegan:withEvent: 方法，touches 参数中装着 2 个 UITouch 对象；如果这两根手指一前一后分开触摸同一个 view，那么 view 会分别调用 2 次 touchesBegan:withEvent: 方法，并且每次调用时的 touches 参数中只包含一个 UITouch 对象。

在 UIView 上触摸、移动和停止触摸会引起屏幕的颜色变化，可以从中体会 touchesBegan、touchesEnded 和 touchesMoved 3 个触摸事件的使用。

```swift
//
//  ViewController.swift
//  GraphDemo
//
//  Created by Zhifeng Chen on 2020/8/4.
//  Copyright © 2020 Zhifeng Chen. All rights reserved.
//

import UIKit

class CoreGraphUIView : UIView {
    
    override func touchesBegan(_ touches:Set<UITouch>,with event: UIEvent?) {
        self.backgroundColor = UIColor.red
        print("Began:\(touches)")
    }
    
    override func touchesEnded(_ touches: Set<UITouch>, with event: UIEvent?) {
        self.backgroundColor = UIColor.lightGray
        print("Ended:\(touches)")
    }
    
    override func touchesMoved(_ touches: Set<UITouch>, with event: UIEvent?) {
        self.backgroundColor = UIColor.blue
        print("Moved:\(touches)")
    }
}

class ViewController: UIViewController {
    
    override func viewDidLoad() {
        super.viewDidLoad()
        // Do any additional setup after loading the view.
        let height = self.view.frame.size.height
        let width = self.view.frame.size.width
        let graphFrame = CGRect(x: 0, y: 0, width: width, height: height)
        let graphView = CoreGraphUIView(frame: graphFrame)
        graphView.backgroundColor = UIColor.white
        self.view.addSubview(graphView)
    }
}
```

如果想获得触摸的对象及其坐标，程序如下：

```swift
let touch:UITouch = touches.first! as UITouch
print(touch.location(in: view).x)
print(touch.location(in: view).y)
```

5.1.3 UIKit 和 Core Graphics

UIKit 绘图方式实际是对 Core Graphics 方式的一种简化封装,可以采用面向对象的方式很方便地做各种绘图操作,主要是通过 UIBezierPath 这个类来实现,创建基于矢量的路径,例如,各种直线、曲线、圆等。

Core Graphics 是基于 C 的 API,可以用于一切 iOS 绘图程序的开发,如图 5-8 所示。Quartz 2D 是 Core Graphics 框架的一部分,是一个强大的二维图像绘制引擎。Quartz 2D 在 UIKit 中也有很好的封装和集成,日常所用到的 UIKit 中的各种组件都是由 Core Graphics 进行绘制的,包括一些常用的绘图 API。图形上下文 CGContext 代表图形输出设备(也就是绘制的位置),包含了绘制图形的一些设备信息。Quartz 2D 中所有对象都必须绘制在图形上下文。

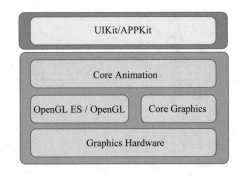

图 5-8　Core Graphics 在绘图 API 中的层次

Core Graphics 绘图的一般步骤,主要包括:

① 获取图形上下文。
② 创建并设置路径,将路径添加到上下文,如直线的坐标等。
③ 设置上下文状态,如颜色,线条宽度等。
④ 绘制路径。

Quartz 2D 路径可以用来描述矩形、圆,以及其他想要的 2D 几何图形。通过路径可以对几何图形进行各种处理。Quartz 2D 中有 4 种基本图元:点、线段、弧和贝塞尔曲线。

点:点是二维空间中的一个位置,不等同于像素,一个点完全不占空间。画一个点不会在屏幕上显示任何内容。

线段:线段由起点和终点两个点定义。线段没有面积,所以它们不能被填充。可以用一组线段或者曲线组成一个具有闭合路径的几何图形,然后进行填充。

弧:弧由一个圆心点、半径、起始角和结束角定义。圆是弧的特例。弧是占有一定面积的路径,所以可以被填充、描边和描边填充出来。

贝塞尔曲线:任何一条曲线都可以通过与它相切的控制线两端的点的位置来定义。贝塞尔曲线可以用 4 个点描述,其中两个点描述两个端点,另外两个描述每一端的切线。

在 iOS 上无论采用哪种绘图技术，绘制都发生在 UIView 对象的区域内，因此，可以重载 UIView 的 draw(_ rect: CGRect) 方法中实现自定义绘图。

系统会为视图设置一个重绘标识，在每次循环时，绘图引擎会检查重绘标识，以此判断是否有需要更新的内容，如果需要重绘，则自动调用 draw(_ rect: CGRect) 方法。

当然，也可以手动设置重绘标识，一般可以调用以下函数来实现重绘：

①重绘整个视图：setNeedsDisplay()。

②重绘指定区域的视图：setNeedsDisplay (rect : CGRect)。

原则上尽量不要重复绘制全部视图，以降低系统绘制开销，以下几种情况会触发视图重绘：

①当遮挡视图的其他视图被移动或删除操作的时候。

②将视图的 hidden 属性声明设置为 NO，使其从隐藏状态变为可见。

③将视图滚出屏幕，然后再重新回到屏幕上。

④显式调用视图的 setNeedsDisplay 或者 setNeedsDisplay (rect : CGRect) 方法。

在 Quartz 2D 中，曲线绘制分为两种：二次贝塞尔曲线和三次贝塞尔曲线。二次贝塞尔曲线只有一个控制点，而三次贝塞尔曲线有两个控制点，如图 5-9 所示。

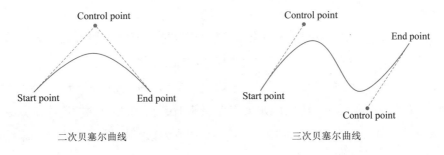

图 5-9　贝塞尔曲线

思考：如果知道一个矩形的中心坐标（center.x，center.y），以及宽（let width = frame.size.width）和高（let height = frame.size.height），如何计算矩形的左上角坐标？

提示：该矩形的左上角坐标就是（center.x-width/2，center.y-height/2），如图 5-10 所示。

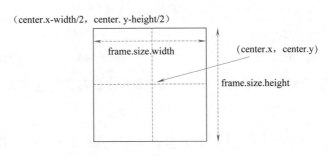

图 5-10　矩形相关坐标的计算

5.2 拥有自己的绘图类

面向对象编程是以对象为中心的编程方式,其三大典型特征如下:

①封装:把对象的状态数据、实现细节隐藏起来,然后暴露合适的方法允许外部程序改变对象的状态。Swift 提供了 private、internal 和 public 等访问权限控制。

②继承:子类继承父类,即可获得父类定义的属性和方法,通过继承可以复用已有类的方法和属性。Swift 提供了很好的单继承:每个子类最多只能有一个直接父类。另外,协议可以有效弥补单继承的不足。

③多态:利用面向对象的灵活性,使得同名函数可以实现不同的功能。

Swift 提供了全面的面向对象支持,与普通面向对象的编程语言不同之处在于,它不仅可以定义类,还支持枚举和结构体、扩展和协议的面向对象支持。其中,枚举和结构体是值类型,而类定义的变量则是引用类型。

在 Swift 中,类一般采用 class 来声明。对于一个类定义而言,可以包含 4 种最常见的成员:构造器、属性、方法、下标。各个成员之间的定义顺序没有影响,成员之间可以相互调用。

属性用于定义该类或该类的实例所包含的状态数据;方法则用于定义该类或该类的实例的行为特征或者功能实现;构造器用于构造该类的实例。

构造器是一个类创建实例的重要途径,如果一个类没有构造器,这个类就无法创建实例。因此,Swift 提供了一个功能:如果程序员没有为一个类提供构造器,则系统会为该类提供一个默认的、无参数的构造器。一旦程序员为该类提供了构造器,系统将不再为该类提供默认的、无参数的构造器。

修饰符 class 和 static 作用基本相同:没有 class 或 static 修饰的是实例成员,有 class 或 static 修饰的是类型成员。

注意:采用 class 或者 static 修饰的成员(类成员)不能访问没有 class 或 static 修饰的成员(实例成员)。

Swift 的属性分为两种:存储属性和计算属性。存储属性用于保存类型本身或实例的状态数据;计算属性则采用 setter、getter 方法合成,不一定保存状态数据。

类的方法从语法格式上看,和函数完全一致。构造器就是一个特殊的方法,其名称固定为 init,且不能声明返回值类型,实际上 Swift 构造器隐式地返回 self 作为返回值。

5.2.1 定义一个 Shape 类

下面程序定义一个 Shape 类,用于描述图形一个基类:包括存储属性 6 个,构造器 1 个,方法 1 个。

```swift
class Shape {
    // 名称
    var name  : String?
    // 边数
    var sides : Int?
    // 左上角的位置坐标
    var origin : CGPoint?
    // 线条颜色
    var lineColor : UIColor = UIColor.red
    // 填充颜色
    var fillColor : UIColor = UIColor.green
    // 线条宽度
    var lineWidth : CGFloat = 2
    // 构造器函数 init
    init(name : String, sides : Int, origin : CGPoint) {
        self.name = name
        self.sides = sides
        self.origin = origin
    }
    // 自定义方法 sayHello
    func sayHello(){
        print("Shape is \(name!),sides \(sides!), and originCord is(\(origin!.x),\(origin!.y)) ")
    }
}
```

5.2.2 实例化 Shape 类

类设计完成了，如何来使用这个类？这就需要进行实例化。下面我们新建一个工程 classDemo，来实例化这个类。

```swift
//
//  ViewController.swift
//  ShapeDemo
//
//  Created by Zhifeng Chen on 2020/8/4.
//  Copyright © 2020 Zhifeng Chen. All rights reserved.
//

import UIKit

class Shape {
    // 名称
    var name  : String?
    // 边数
    var sides : Int?
    // 左上角的位置坐标
```

```swift
        var origin : CGPoint?
        // 线条颜色
        var lineColor : UIColor = UIColor.red
        // 填充颜色
        var fillColor : UIColor = UIColor.green
        // 线条宽度
        var lineWidth : CGFloat = 2
        // 构造器函数 init
        init(name : String, sides : Int, origin : CGPoint) {
            self.name = name
            self.sides = sides
            self.origin = origin
        }
        // 自定义方法 sayHello
        func sayHello(){
            print("Shape is \(name!),sides \(sides!), and originCord is(\(origin!.x),\(origin!.y)) ")
        }
    }

    class ViewController: UIViewController {

        override func viewDidLoad() {
            super.viewDidLoad()
            // Do any additional setup after loading the view.
            // 此处调用 Shape 类，建立一个对象（实例）myShaple
            let myShape = Shape(name:"BaseShape", sides: 0, origin: CGPoint(x: 0, y: 0))
            myShape.sayHello()
        }
    }
```

程序启动的时候，会自动调用 ViewController 中的 ViewDidLoad() 方法，从而实现 Shape 类的实例，其实例化的对象名称（变量）为 myShape。最终结果是在控制台输出"Shape is BaseShape,sides 0, and originCord is(0,0)"。

类的实例化非常简单，一般就是通过调用类的构造器"类名（参数）"来实现。

大部分时候，定义一个类是为了重复创建该类的实例，同一个类的多个实例具有相同的特征，而类则是定义了多个实例的共同特征。从某个角度来看，类定义的是多个实例的一种抽象特征，实例才是具体存在，拥有分配的内存空间。

注意：类是引用类型，而常见的其他类型如枚举、结构体等属于值类型。所谓引用类型可以理解为 C 语言中指针类型。

Swift 为每个类提供了一个 self 关键字，self 总是指向该方法的调用者。在实例方法中，self 代表调用该方法的实例；在类型方法中，self 代表调用给方法的类本身。

5.2.3 重载 UIView 中的 Draw 函数

下面我们通过在 ViewController 的 ViewDidLoad() 方法中分别实例化 Shape 类和 CzfView 类，从而实现在 CzfView 类重载的方法 draw 中，调用 Shape 类中的方法 sayHello()。通过观察控制台信息输出，可以看到 sayHello() 的输出信息。

```swift
//
//  ViewController.swift
//  DrawMusic
//
//  Created by Zhifeng Chen on 2020/8/4.
//  Copyright © 2020 Zhifeng Chen. All rights reserved.
//

import UIKit

class Shape {
    // 名称
    var name : String?
    // 边数
    var sides : Int?
    // 左上角的位置坐标
    var origin : CGPoint?
    // 线条颜色
    var lineColor : UIColor = UIColor.red
    // 填充颜色
    var fillColor : UIColor = UIColor.green
    // 线条宽度
    var lineWidth : CGFloat = 2
    // 构造器函数 init
    init(name : String, sides : Int, origin : CGPoint) {
        self.name = name
        self.sides = sides
        self.origin = origin
    }
    // 自定义方法 sayHello
    func sayHello(){
        print("Shape:\(name!),sides \(sides!), origin (\(origin!.x),\(origin!.y)) ")
    }
}

class CzfView : UIView {
    // 成员变量（属性）shape，其类型为 Shape
    var shape : Shape?
    // 重载 UIView 的 draw 方法
```

```swift
    override func draw(_ rect: CGRect) {
        // 判断 shape 变量是否为空值 nil
        guard let s = shape else {
            return
        }
        // 不为空,则调用 shape 这个实例的方法
        s.sayHello()
    }
}

class ViewController: UIViewController {

    override func viewDidLoad() {
        super.viewDidLoad()
        // Do any additional setup after loading the view, typically from a nib.
        // 此处调用 Shape 类,建立一个对象(实例)myShape
        let myShape = Shape(name:"BaseShape", sides: 0, origin: CGPoint(x: 0, y: 0))
        // 此处建立了一个 CzfView 的实例 myView
        let width = self.view.frame.size.width
        let height = self.view.frame.size.height
        let myView = CzfView(frame: CGRect(x: 0, y: 0, width: width, height: height))
        // 赋值给 myView 中的成员变量(属性)shape
        myView.shape = myShape
        // 显示 myView
        self.view.addSubview(myView)
    }
}
```

下面,我们通过给 Shape 类增加一个方法 drawBezierPath(),实现画一个矩形的功能。

具体来讲,在 Shape 类中增加一个方法 drawBezierPath(),其代码如下:

```swift
    // 自定义方法 drawBezierPath 用于画图
    func drawBezierPath(){
        // 调用贝塞尔曲线函数 UIBezierPath()
        let path = UIBezierPath()
        // 圆弧的中心点 center, 其坐标为 (100,100)
        let center : CGPoint = CGPoint(x: 100, y: 100)
        // 圆弧的半径长度 radius, 其值为 80
        let radius : CGFloat = 80
        //生成一个圆
        path.addArc(withCenter: center, radius: radius, startAngle: 0, endAngle: CGFloat.pi*2, clockwise: true)
```

```
        //线条宽度为 5
        path.lineWidth = 5
        //线条颜色为 red 红色
        UIColor.red.setStroke()
        //画出这个圆
        path.stroke()
    }
```

在 CzfView 这个类中,修改 draw 方法,增加一行:

```
s.drawBezierPath()
```

最后在 ViewController 的 ViewDidLoad() 中,清除背景色,不然会出现黑色背景,具体增加的代码如下:

```
myView.backgroundColor = UIColor.clear    //清除背景色
```

程序修改完成运行效果如图 5-11 所示。

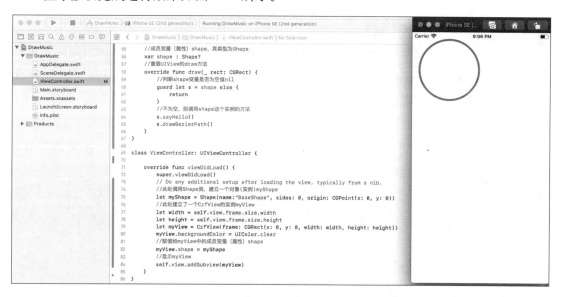

图 5-11 圆的显示

5.3 绘制平面几何图形

　　平面几何图形:有些几何图形的各个部分都在同一平面内,它们是平面图形。如直线、射线、角、三角形、平行四边形、长方形(正方形)、梯形和圆都是几何图形,这些图形所表示的各个部分都在同一平面内,称为平面图形。平面图形的大小,叫作它们的面积。点的形成是线,线的形成是面,面的形成是体,如图 5-12 所示。例如,有一组对边平行的四边形一定是平面图形。

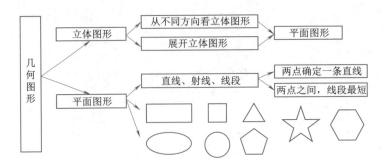

图 5-12 几何图形

在本项目中，我们主要采用 UIKit 绘图方式来实现各种绘图操作，主要是通过 UIBezierPath 这个类来实现，创建基本的平面几何图形，如线段、正方形、圆、圆弧、长方形、多边形和贝塞尔曲线等，也可以根据自己的设计和计算，画出一些特别的平面图形，如五角星等。

5.3.1 常见图形绘制

UIKit 绘图方式实际是对 Core Graphics 方式的一种简化封装，可以采用面向对象的方式很方便地做各种绘图操作，主要是通过 UIBezierPath 这个类来实现的，创建基于矢量的路径，例如，各种直线、曲线、圆等。

1. 基类 Shape

对于所有的图形来讲，我们可以设计一个基本类，其名称就是 Shape，主要建立所有图形类所共有的基本的属性和方法，当然也包括构造器。

```
class Shape {
    //名称
    var name : String?
    //左上角的位置坐标
    var origin : CGPoint?
    //线条颜色
    var lineColor : UIColor? = UIColor.red
    //填充颜色
    var fillColor : UIColor? = UIColor.green
    //线条宽度
    var lineWidth : CGFloat? = 5
    //构造器函数 init
    init(name : String, origin : CGPoint) {
        self.name = name
        self.origin = origin
    }
    //便利构造器函数 init
    convenience init(origin : CGPoint) {
```

```
            self.init(name: "Shape Bassclass", origin: origin)
    }
    // 自定义方法 drawBezierPath 用于画图
    func drawBezierPath(){
        // 向控制台输出信息
        print("Draw \(name!)")
    }
}
```

指定构造器（Designated Initializers），对所有没有默认值的非可选属性进行初始化。

便利构造器（Convenience Initializers），是在 init 前加一个关键字 convenience，它为一些属性提供默认值。这样，在初始化时就无须给所有属性赋值。便利构造器通常要调用类自身的便利构造器或者指定构造器，不管是哪种，最终都要调用指定构造器。

2. 线段类 Line

我们都已经学会平面几何图形基本知识，线段是通过连接两个点来形成的。线段类 Line 派生字 Shape 类。Swift 已经提供了基本的画线函数 path.move(to: CGPoint) 和 path.addLine(to: CGPoint)，一个是用于移动，一个是从当前点开始画，到结束点为止。

```
class Line : Shape {
    // 线段的起点
    var start : CGPoint?
    // 线段的终点
    var end : CGPoint?
    
    // 构造器
    init(name: String, origin: CGPoint, start : CGPoint, end : CGPoint) {
        super.init(name: name, origin: origin)
        self.start = start
        self.end = end
    }
    convenience init(start : CGPoint, end : CGPoint) {
        self.init(name: "Line", origin: start, start: start, end: end)
    }
    
    // 重载 drawBezierPath 方法
    override func drawBezierPath(){
        // 向控制台输出信息
        print("Draw \(name!)")
        // 建立一个 UIBezierPath 实例对象
        let path = UIBezierPath()
        // 调用实例 path 的 move 方法移动
        path.move(to: start!)
        // 调用实例 path 的 addLine 方法画线
        path.addLine(to: end!)
```

```
        // 设置实例path 的线条宽度
        path.lineWidth = lineWidth!
        // 设置实例path 的线条终端样式 .round 或者 .square
        path.lineCapStyle = .round
        // 设置实例path 的线条颜色
        lineColor?.setStroke()
        // 画出线条
        path.stroke()
    }
}
```

3. 矩形类 Rectangle

矩形一般通过确定左上角的坐标位置以及矩形的宽和高，就可以正确地画出来，正方形就是特殊的矩形，其宽和高相等。或者，知道这个矩形的中心坐标以及矩形的宽和高，通过计算，也可以很方便地画出这个矩形。

在本例中，我们采用 UIKit 中的 UIBezierPath(rect: CGRect) 方法来实现矩形的绘制，也可以采用前面画线段的方法来绘制矩形。

```
class Rectangle : Shape {
    // 左上角采用基类 Shape 中的属性 origin
    // 宽度和高度，一般可以采用CGSize
    var size : CGSize?
    // 构造器
    init(name: String, origin: CGPoint , size : CGSize) {
        super.init(name: name, origin: origin)
        self.size = size
    }
    convenience init(origin: CGPoint , size : CGSize) {
        self.init(name: "Rectangle", origin: origin, size: size)
    }
    // 重载 drawBezierPath 方法
    override func drawBezierPath(){
        // 向控制台输出信息
        print("Draw \(name!)")
        // 建立一个 UIBezierPath 实例对象
        let path = UIBezierPath(rect: CGRect(origin: origin!, size: size!))
        // 设置实例path 的线条宽度
        path.lineWidth = lineWidth!
        // 设置实例path 的线条颜色
        lineColor?.setStroke()
        // 画出线条
        path.stroke()
    }
}
```

在实际编程中，我们还需要画具有圆角的矩形，那就需要采用 UIKit 中的 UIBezierPath(roundedRect: CGRect, cornerRadius: CGFloat) 方法来实现矩形的绘制，这样，需要修改这个矩形类。

```
class Rectangle : Shape {
    // 左上角采用基类 Shape 中的属性 origin
    // 宽度和高度，一般可以采用 CGSize
    var size : CGSize?
    // 圆角的大小
    var corner : CGFloat?
    // 构造器
    init(name: String, origin: CGPoint , size : CGSize , corner : CGFloat) {
        super.init(name: name, origin: origin)
        self.size = size
        self.corner = corner
    }
    convenience init(origin: CGPoint , size : CGSize, corner : CGFloat = 0) {
        self.init(name: "Rectangle", origin: origin, size: size, corner : corner)
    }
    // 重载 drawBezierPath 方法
    override func drawBezierPath(){
        // 向控制台输出信息
        print("Draw \(name!)")
        // 建立一个 UIBezierPath 实例对象
        let path = UIBezierPath(roundedRect: CGRect(origin: origin!, size: size!), cornerRadius: corner!)

        // 设置实例 path 的线条宽度
        path.lineWidth = lineWidth!
        // 设置实例 path 的线条颜色
        lineColor?.setStroke()
        // 画出线条
        path.stroke()
    }
}
```

调用代码如下：

```
let myRect = Rectangle(origin: start, size: CGSize(width: 150, height: 100),corner: 8.0)
```

则会生成一个带圆角的矩形。如果调用方法如下：

```
let myRect = Rectangle(origin: start, size: CGSize(width: 150, height: 100))
```

则会生成一个不带圆角的普通矩形，因为在类的便利构造器中，corner 默认数是 0，也就是相当于圆角为 0。

4. 圆形类 Circle

圆形一般通过确定圆所在的中心坐标位置以及半径画出来，圆形也可以看作是宽和高相等椭圆。或者，知道这个椭圆所外接的矩形，也可以很方便地画出这个矩形。

在本例中，我们采用 UIKit 中的 UIBezierPath(ovalIn: CGRect) 方法来实现椭圆或者圆的绘制。

具体是绘制正圆还是椭圆可以直接通过 width 与 height 来控制，两者相等绘制出来就是正圆，否则就是椭圆。

```swift
class Circle : Shape {
    // 圆心坐标
    var center : CGPoint?
    // 半径长度
    var raduis : CGFloat?
    // 椭圆的宽度和高度，一般可以采用CGSize
    var size : CGSize?
    
    // 构造器
    init(name: String, origin: CGPoint, center : CGPoint, raduis : CGFloat, size : CGSize) {
        super.init(name: name, origin: origin)
        self.center = center
        self.raduis = raduis
        self.size = size
    }
    convenience init(center : CGPoint,raduis : CGFloat) {
        let x = center.x - raduis
        let y = center.y - raduis
        self.init(name: "Circle", origin: CGPoint(x:x,y:y), center: center, raduis: raduis, size: CGSize(width: raduis, height: raduis))
    }
    convenience init(center : CGPoint, size : CGSize) {
        let x = center.x - size.width/2
        let y = center.y - size.height/2
        self.init(name: "Oval/Ellipse", origin: CGPoint(x:x,y:y), center: center, raduis: 0, size: size)
    }
    // 重载drawBezierPath方法
    override func drawBezierPath(){
        // 向控制台输出信息
        print("Draw \(name!)")
        // 建立一个UIBezierPath实例对象
```

```swift
        let path = UIBezierPath(ovalIn: CGRect(origin: origin!, size: size!))
        // 设置实例 path 的线条宽度
        path.lineWidth = lineWidth!
        // 设置实例 path 的线条颜色
        lineColor?.setStroke()
        // 画出线条
        path.stroke()
    }
}
```

5. 多边形类 Polygons

多边形的绘制主要依赖 move(to: CGPoint) 与 addLine(to: CGPoint) 这两个方法，通过不同的组合画出不同的图形。多个点连接起来就是建立一个多边形，三个点组成一个三角形。

```swift
class Polygons : Shape {
    // 多边形主要是通过多个顶点相互连接来绘图
    // 顶点数组
    var points : Array<CGPoint>?
    
    init(name: String, origin: CGPoint, points : Array<CGPoint> ) {
        super.init(name: name, origin: origin)
        self.points = points
    }
    convenience init(points : Array<CGPoint> ) {
        if points.count == 3 {
            self.init(name: "Triangel", origin: points.first!, points: points)
        }
        else if points.count >= 3 {
            self.init(name: "Polygons", origin: points.first!, points: points)
        }
        else {
            let origin = CGPoint(x: 0, y: 0)
            self.init(name: "Error", origin: origin, points: points)
        }
    }
    // 重载 drawBezierPath 方法
    override func drawBezierPath(){
        // 向控制台输出信息
        print("Draw \(name!)")
        // 如果不能识别，直接返回
        if(name == "Error") {
            return
        }
```

```
// 建立一个UIBezierPath 实例对象
let path = UIBezierPath()
// 调用实例path 的move 方法移动
path.move(to: origin!)
for each in points! {
    // 调用实例path 的addLine 方法画线
    path.addLine(to: each)
}
path.close()
// 设置实例path 的线条宽度
path.lineWidth = lineWidth!
// 设置实例path 的线条颜色
lineColor?.setStroke()
// 画出线条
path.stroke()
path.fill()
}
}
```

三角形一般常见的是根据三个顶点来画出三条线段，组成一个三角形。三角形和夹角的关系，如图5-13所示。特殊一点的三角形有等边三角形和直角三角形。

∠CAB=67.966°

sin（67.966）=0.93
AB=13.35厘米
CA=4.96厘米
CB=12.38厘米
$\frac{12.38}{13.35}$=0.93

图5-13 三角形与夹角的关系

5.3.2 五角星的绘制

在做手工时都用正五角星来装点自己的艺术作品，下面学习如何用尺规作图法画正五角星。

在白纸上，以任意一点为圆心，以任意长为半径画圆O。在圆中画两条互相垂直的圆的直径AB和CD。取线段OB的中点E，连接CE。以点E为圆心，以CE长为半径画圆弧，交线段OA于点F。连接CF，以点C为圆心，以CF长为半径在圆O上依次截取相等的圆弧。连接CM、CH、GN、GM、NH，就得到正五角星，如图5-14所示。

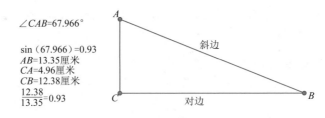

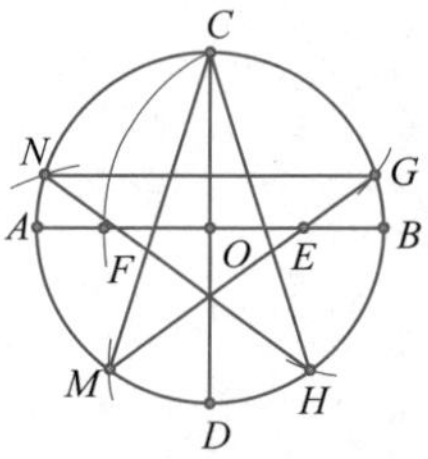

图5-14 尺规作图法画正五角星

在软件编码的时候，我们常常采用量角器法画五角星（见图5-15）：

（1）确定圆心。

（2）以合适的长度为半径画圆。

（3）过圆心画水平直线和竖直直线。

（4）以竖直直线与圆的上端交点为起点,用量角器顺时针(也可以逆时针)在圆上每隔 72°标出点。

（5）从顶点开始(任一点都可以)隔点连接(顺序连接的话,得到的是正五边形)。

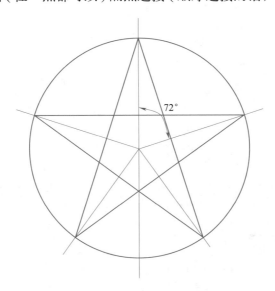

图 5-15 采用量角器,每 72°等分这个圆

```
class FiveStar : Shape {
    //五角星和正五边形较为类似
    //中心坐标
    var center : CGPoint?
    //半径
    var radius : CGFloat?
    //旋转的角度
    var angel : CGFloat?
    //构造器
    init(name: String, origin: CGPoint, center : CGPoint, radius : CGFloat,angel : CGFloat ) {
        super.init(name: name, origin: origin)
        self.center = center
        self.radius = radius
        self.angel = angel
    }
    convenience init(center : CGPoint, radius : CGFloat,angel : CGFloat = 0) {
        let x = center.x - radius
        let y = center.y - radius
        self.init(name: "FiveStar", origin: CGPoint(x:x,y:y), center: center, radius: radius, angel: angel)
```

```
    }
    // 自定义方法 drawBezierPath 用于画五角星
    override func drawBezierPath(){
        // 调用贝塞尔曲线函数 UIBezierPath()
        let path = UIBezierPath()
        // 五角星旋转顶点
        let i = 360/angel!
        let xzAngle = CGFloat.pi*2/i
        let xzX = (center?.x)! - sin(xzAngle)*radius!
        let xzY = (center?.y)! - cos(xzAngle)*radius!
        let p1 = CGPoint(x: xzX, y: xzY)
        path.move(to: p1)
        let angle = CGFloat.pi*4/5
        for i in 1...5 {
            let x = (center?.x)! - sin(CGFloat(i)*angle+xzAngle)*radius!
            let y = (center?.y)! - cos(CGFloat(i)*angle+xzAngle)*radius!
            path.addLine(to: CGPoint(x: x, y: y))
        }
        path.close()
        // 线条宽度
        path.lineWidth = lineWidth!
        // 线条颜色为 red 红色
        lineColor?.setStroke()
        // 画出这个圆
        path.stroke()
    }
}
```

5.4 奏响乐队凯歌

5.4.1 声音播放功能

为了让所有的图形实现声音播放功能，同时每个图形的播放声音文件不同，但其播放的代码一般没有不同，因此，我们重新修改了 Shape 类，为其增加了 2 个属性（var soundPlayer : AVAudioPlayer? 和 var soundFile : String?）和 1 个方法 func playAudio()，同时对构造器也进行了调整。

如何使用这个声音播放功能呢？除了在 Shape 这个类中添加相应的代码外，还需要在 CzfView 中增加调用 s.playAudio()，这样在整个程序启动的时候，就可以听到音符的声音。

现在图形显示的同时会发出一个相同的声音，那么如何让不同的类的实例发出不同的声音呢？这个就可以通过修改各个类的构造器来实现。

如 FiveStar 类的构造器需要修改如下：

```
//构造器
    init(name: String, origin: CGPoint, center : CGPoint, radius : CGFloat,angel : CGFloat,soundFile : String = "SO.m4a") {
        super.init(name: name, origin: origin,soundFile: soundFile)
        self.center = center
        self.radius = radius
        self.angel = angel
    }
```

也就是说，让每个类的构造器增加一个参数 soundFile，这个参数可以有一个默认值 soundFile : String = "SO.m4a"，这样保证每个类都有一个不同的声音。

5.4.2 多个图形显示

如何才能实现多个图形的同时显示呢？这个就需要在 CzfView 中增加属性，也就是一个能保存多个图形实例的数组，同时对 draw 方法进行修改。同时需要修改 ViewController.swift 中的 ViewDidLoad() 方法中的代码。

5.4.3 触摸事件与虚线

在 CzfView 中重载 touchesBegan() 方法，根据获得触摸位置的坐标，通过在所有的 Shape 或者其派生的类的实例进行判断，当前触摸的位置是否位于 path 范围呢，也就是说当 path 是一个矩形时，判断是否在这个矩形内；如果 path 是一个圆形，判断是否在这个圆内。

具体在 Shape 类中增加一个属性 selectedFlag 和一个自定义方法 func isSelected(point : CGPoint) -> Bool。

5.4.4 项目实现

```
//
//  ViewController.swift
//  GeometryBand
//
//  Created by Zhifeng Chen on 2020/8/4.
//  Copyright © 2020年 Zhifeng Chen. All rights reserved.
//

import UIKit
import Foundation
import AVFoundation

class Shape {
    //名称
    var name   : String?
```

```swift
// 声音播放器
var soundPlayer : AVAudioPlayer?
// 声音文件名称
var soundFile : String?
//UIBezierPath
var path : UIBezierPath?
//selected?
var selectedFlag : Bool = false
// 左上角的位置坐标
var origin : CGPoint?
// 线条颜色
var lineColor : UIColor? = UIColor.red
// 填充颜色
var fillColor : UIColor? = UIColor.green
// 线条宽度
var lineWidth : CGFloat? = 5
// 构造器函数 init
init(name : String, origin : CGPoint,soundFile : String = "DO.m4a" ) {
    self.name = name
    self.origin = origin
    self.soundFile = soundFile
}
// 便利构造器函数 init
convenience init(origin : CGPoint) {
    self.init(name: "Shape Bassclass", origin: origin)
}

// 自定义方法 drawBezierPath 用于画图
func drawBezierPath(){
    // 向控制台输出信息
    print("Draw \(name!)")
}
func playAudio(){
    print("Play sound:\(soundFile!)")
    let path = Bundle.main.path(forResource: soundFile, ofType: nil)
    let url = URL(fileURLWithPath: path!)
    soundPlayer = try? AVAudioPlayer(contentsOf: url)
    soundPlayer?.play()
}
func isSelected(point : CGPoint) -> Bool{
    if (path?.contains(point))! {
        selectedFlag = true
        return true
    }
    else {
        selectedFlag = false
        return false
    }
```

```swift
        }
    }

    class Line : Shape {
        // 线段的起点
        var start : CGPoint?
        // 线段的终点
        var end : CGPoint?

        // 构造器
        init(name: String, origin: CGPoint, start : CGPoint, end : CGPoint, soundFile : String = "FA.m4a") {
            super.init(name: name, origin: origin,soundFile:soundFile)
            self.start = start
            self.end = end
        }
        convenience init(start : CGPoint , end : CGPoint) {
            self.init(name: "Line", origin: start, start: start, end: end)
        }
        // 重载 drawBezierPath 方法
        override func drawBezierPath(){
            // 向控制台输出信息
            print("Draw \(name!)")
            // 建立一个 UIBezierPath 实例对象
            path = UIBezierPath()
            // 调用实例 path 的 move 方法移动
            path?.move(to: start!)
            // 调用实例 path 的 addLine 方法画线
            path?.addLine(to: end!)
            // 设置实例 path 的线条宽度
            path?.lineWidth = lineWidth!
            // 设置实例 path 的线条终端样式 .round 或者 .square
            path?.lineCapStyle = .round
            // 设置实例 path 的线条颜色
            lineColor?.setStroke()
            // 画出线条
            path?.stroke()
        }
    }
    class Rectangle : Shape {
        // 左上角采用基类 Shape 中的属性 origin
        // 宽度和高度，一般可以采用 CGSize
        var size : CGSize?
        // 圆角的大小
        var corner : CGFloat?
```

```swift
        // 构造器
        init(name: String, origin: CGPoint, size : CGSize, corner : CGFloat,soundFile : String = "LA.m4a") {
            super.init(name: name, origin: origin,soundFile:soundFile)
            self.size = size
            self.corner = corner
        }
        convenience init(origin: CGPoint, size : CGSize, corner : CGFloat = 0) {
            self.init(name: "Rectangle", origin: origin, size: size, corner : corner)
        }
        // 重载drawBezierPath方法画矩形或者正方形
        override func drawBezierPath(){
            // 向控制台输出信息
            print("Draw \(name!)")
            // 建立一个UIBezierPath实例对象
            path = UIBezierPath(roundedRect: CGRect(origin: origin!, size: size!), cornerRadius: corner!)
            if selectedFlag {
                let dashes: [CGFloat] = [1,3]
                path?.setLineDash(dashes, count: dashes.count, phase: 0)
            }
            // 设置实例path的线条宽度
            path?.lineWidth = lineWidth!
            // 设置实例path的线条颜色
            lineColor?.setStroke()
            // 画出线条
            path?.stroke()
        }
    }

    class Circle : Shape {
        // 圆心坐标
        var center : CGPoint?
        // 半径长度
        var raduis : CGFloat?
        // 椭圆的宽度和高度，一般可以采用CGSize
        var size : CGSize?

        // 构造器
        init(name: String, origin: CGPoint, center : CGPoint, raduis : CGFloat, size : CGSize,soundFile : String = "MI.m4a") {
            super.init(name: name, origin: origin,soundFile:soundFile)
            self.center = center
            self.raduis = raduis
            self.size = size
        }
        convenience init(center : CGPoint,raduis : CGFloat) {
            let x = center.x - raduis
```

```swift
            let y = center.y - raduis
            self.init(name: "Circle", origin: CGPoint(x:x,y:y), center: center,
raduis: raduis, size: CGSize(width: raduis, height: raduis))
        }
        convenience init(center : CGPoint, size : CGSize) {
            let x = center.x - size.width/2
            let y = center.y - size.height/2
            self.init(name: "Oval/Ellipse", origin: CGPoint(x:x,y:y), center:
center, raduis: 0, size: size)
        }
        // 重载 drawBezierPath 方法画圆或者椭圆
        override func drawBezierPath(){
            // 向控制台输出信息
            print("Draw \(name!)")
            // 建立一个 UIBezierPath 实例对象
            path = UIBezierPath(ovalIn: CGRect(origin: origin!, size: size!))
            if selectedFlag {
                let dashes: [CGFloat] = [1,3]
                path?.setLineDash(dashes, count: dashes.count, phase: 0)
            }
            // 设置实例 path 的线条宽度
            path?.lineWidth = lineWidth!
            // 设置实例 path 的线条颜色
            lineColor?.setStroke()
            // 画出线条
            path?.stroke()
        }
    }

    class Polygons : Shape {
        // 多边形主要是通过多个顶点相互连接来绘图
        // 顶点数组
        var points : Array<CGPoint>?
        // 构造器
        init(name: String, origin: CGPoint, points : Array<CGPoint>,soundFile : String
= "RE.m4a" ) {
            super.init(name: name, origin: origin,soundFile: soundFile)
            self.points = points
        }
        convenience init(points : Array<CGPoint> ) {
            if points.count == 3 {
                self.init(name: "Triangel", origin: points.first!, points:
points)
            }
            else if points.count >= 3 {
                self.init(name: "Polygons", origin: points.first!, points:
points)
            }
```

```swift
        else {
            let origin = CGPoint(x: 0, y: 0)
            self.init(name: "Error", origin: origin, points: points)
        }
    }
    // 重载drawBezierPath方法画多边形
    override func drawBezierPath(){
        // 向控制台输出信息
        print("Draw \(name!)")
        // 如果不能识别，直接返回
        if(name == "Error") {
            return
        }
        // 建立一个UIBezierPath实例对象
        path = UIBezierPath()
        // 调用实例path的move方法移动
        path?.move(to: origin!)
        for each in points! {
            // 调用实例path的addLine方法画线
            path?.addLine(to: each)
        }
        path?.close()
        // 设置实例path的线条宽度
        path?.lineWidth = lineWidth!
        // 设置实例path的线条颜色
        lineColor?.setStroke()
        // 画出线条
        path?.stroke()
        path?.fill()
    }
    
}

class FiveStar : Shape {
    // 五角星和正五边形较为类似
    // 中心坐标
    var center : CGPoint?
    // 半径
    var radius : CGFloat?
    // 旋转的角度
    var angel : CGFloat?
    // 构造器
    init(name: String, origin: CGPoint, center : CGPoint, radius : CGFloat,angel : CGFloat,soundFile : String = "SO.m4a") {
        super.init(name: name, origin: origin,soundFile: soundFile)
        self.center = center
        self.radius = radius
        self.angel = angel
```

```swift
    }
    convenience init(center : CGPoint, radius : CGFloat,angel : CGFloat = 0) {
        let x = center.x - radius
        let y = center.y - radius
        self.init(name: "FiveStar", origin: CGPoint(x:x,y:y), center: center, radius: radius, angel: angel)
    }
    // 自定义方法 drawBezierPath 用于画五角星
    override func drawBezierPath(){
        // 向控制台输出信息
        print("Draw \(name!)")
        // 调用贝塞尔曲线函数 UIBezierPath()
        path = UIBezierPath()
        // 五角星旋转顶点
        let i = 360/angel!
        let xzAngle = CGFloat.pi*2/i
        let xzX = (center?.x)! - sin(xzAngle)*radius!
        let xzY = (center?.y)! - cos(xzAngle)*radius!
        let p1 = CGPoint(x: xzX, y: xzY)
        path?.move(to: p1)
        let angle = CGFloat.pi*4/5
        for i in 1...5 {
            let x = (center?.x)! - sin(CGFloat(i)*angle+xzAngle)*radius!
            let y = (center?.y)! - cos(CGFloat(i)*angle+xzAngle)*radius!
            path?.addLine(to: CGPoint(x: x, y: y))
        }
        path?.close()
        if selectedFlag {
            let dashes: [CGFloat] = [1,3]
            path?.setLineDash(dashes, count: dashes.count, phase: 0)
        }
        // 线条宽度
        path?.lineWidth = lineWidth!
        // 线条颜色为 red 红色
        lineColor?.setStroke()
        // 画出这个圆
        path?.stroke()
    }
}

class CzfView : UIView {
    // 成员变量（属性）shapes, 其类型为 Array<Shape>
    private var shapes : Array<Shape> = []
    // 重载 UIView 的 draw 方法
    override func draw(_ rect: CGRect) {
        // 调用 shapes 这个数组中的每个实例的方法
        for s in shapes {
```

```swift
            s.drawBezierPath()
        }
    }
    // 增加实例到数组 shapes 中
    func add(shape : Shape) {
        shapes.append(shape)
    }
    // 触摸事件
    override func touchesBegan(_ touches: Set<UITouch>, with event: UIEvent?) {
        // 获得 UITouch 集合
        let touch:UITouch = touches.first! as UITouch
        
        // 获得触摸所在位置的坐标
        let point = touch.location(in: self)
        // 调用 shapes 这个数组中的每个实例的方法
        for s in shapes {
            // 如果被选中
            if s.isSelected(point: point) {
                // 声音播放
                s.playAudio()
                // 更新屏幕显示
                self.setNeedsDisplay()
            }
        }
    }
    
}

class ViewController: UIViewController {
    
    override func viewDidLoad() {
        super.viewDidLoad()
        // Do any additional setup after loading the view, typically from a nib.
        
        // 此处调用 FiveStar 类，建立一个对象（实例）star
        // 五角星的中心坐标为 (180,180)
        let starCenter = CGPoint(x: 180, y: 180)
        // 五角星的半径设定了 90，旋转角度为 15 度
        let star = FiveStar(center: starCenter, radius: 50, angel: 45)
        star.lineColor = UIColor.blue
        // 此处调用 Circle 类，建立一个对象 oval
        let ovalCenter = CGPoint(x: 100, y: 300)
        let ovalSize = CGSize(width: 100, height: 60)
        let oval = Circle(center: ovalCenter, size: ovalSize)
        // 此处调用 Rectangle 类，建立一个对象 rect
        let rectOrigin = CGPoint(x: 60, y: 50)
```

```
        let rectSize = CGSize(width: 100, height: 50)
        let rect = Rectangle(origin: rectOrigin, size: rectSize, corner: 6)
        rect.lineColor = UIColor.gray
        
        // 此处建立了一个CzfView的实例myView
        let myView = CzfView(frame: CGRect(x: 0, y: 0, width: self.view.frame.size.width, height: self.view.frame.size.height))
        // 清除背景色
        myView.backgroundColor = UIColor.clear
        // 赋值给myView中的成员变量（属性）shape
        myView.add(shape: star)
        myView.add(shape: oval)
        myView.add(shape: rect)
        // 显示myView
        self.view.addSubview(myView)
    }
}
```

运行效果如图 5-16 所示。

图 5-16　触摸事件与虚线

第 6 章

争做车型识别达人

汽车在我们的生活中随处可见，或许你对看到的汽车觉得眼熟，却一时想不起是什么车型，那么今天我们就利用百度 AI 开放平台提供的人工智能技术，让我们都成为车型识别达人。

6.1 百度 AI 开放平台

百度公司全面开放百度大脑领先能力：包括 254 项场景能力、解决方案与软硬一体组件、EasyDL 定制化训练平台、深度学习开发实训平台 AI Studio、自定义模板 OCR 等定制化平台、零算法门槛实现业务定制，为上下游合作伙伴搭建展示与交易平台，助力各行业高效实现 AI 升级。

百度 AI 开放平台网址：https://ai.baidu.com，如图 6-1 所示。

图 6-1 百度 AI 开放平台——图像技术能力

6.1.1 百度平台接入步骤

1. 注册开发者账号

百度 AI 开放平台的使用需要认证，一般提供一定的免费额度，超出额度需要付费，用户可以根据自己实际需要选择相应的付费策略。开发者账号的注册如图 6-2 所示。

图 6-2 登录或者注册账号

百度 AI 提供了网络在线式的案例效果演示，如车型识别能力的效果如图 6-3 所示。其网址为：https://ai.baidu.com/tech/vehicle/car。

图 6-3 车型识别能力效果

2. 选择并创建能力

百度 AI 开放平台提供了众多的能力供用户调用，如果要成为一个车型识别达人，就需要其提供的车型识别能力。

首先，进入管理中心，选中左上角的＞图标，会弹出菜单，从菜单中选择"图像识别"链接，如图6-4所示。

图6-4　管理中心选择"图像识别"部分

接着，就可以创建图像识别应用，如图6-5所示。

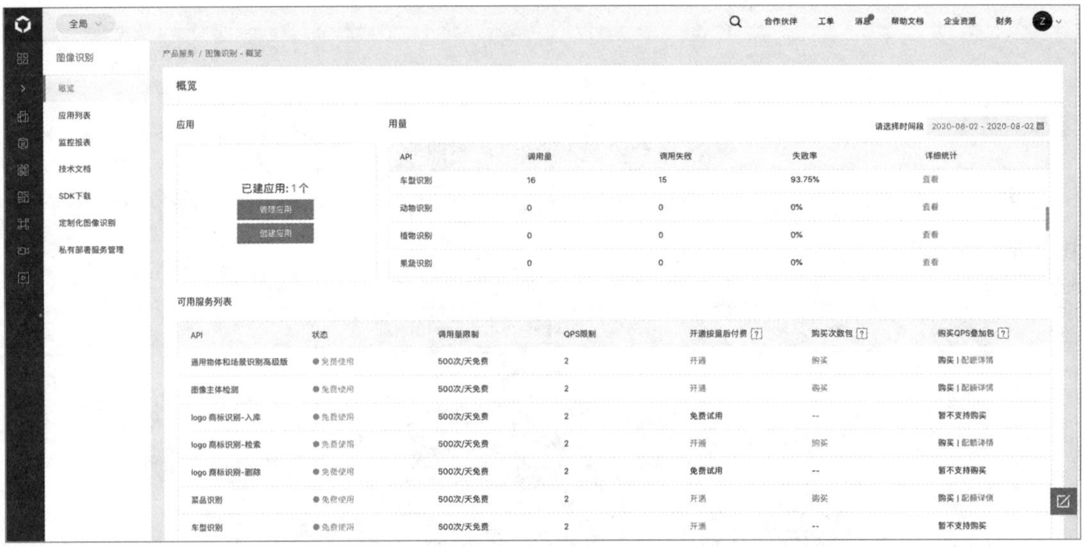

图6-5　创建图像识别应用

然后，记录下应用的相关参数：一个是API Key，一个是Secret Key，如图6-6所示。

图6-6　创建应用的两个参数：API Key和Secret Key

最后，百度AI平台根据用户调用次数进行计费，其中免费500次/天，如图6-7所示。

图像识别	车型识别演示		21737249		ElpAlhdD7i5152EsiNqpU0F1		****** 显示
概览	API列表：						
应用列表	API	状态		请求地址		调用量限制	QPS限制
监控报表	通用物体和场景识别高级版	● 免费使用		https://aip.baidubce.com/rest/2.0/image-classify/v2/advanced_general		500次/天免费	2
技术文档	图像主体检测	● 免费使用		https://aip.baidubce.com/rest/2.0/image-classify/v1/object_detect		500次/天免费	2
SDK下载	logo商标识别-入库	● 免费使用		https://aip.baidubce.com/rest/2.0/realtime_search/v1/logo/add		500次/天免费	2
定制化图像识别	logo商标识别-检索	● 免费使用		https://aip.baidubce.com/rest/2.0/image-classify/v2/logo		500次/天免费	2
私有部署服务管理	logo商标识别-删除	● 免费使用		https://aip.baidubce.com/rest/2.0/realtime_search/v1/logo/delete		500次/天免费	2
	菜品识别	● 免费使用		https://aip.baidubce.com/rest/2.0/image-classify/v2/dish		500次/天免费	2
	车型识别	● 免费使用		https://aip.baidubce.com/rest/2.0/image-classify/v1/car		500次/天免费	2

图6-7 百度提供一定数量的免费使用次数

3. 理解接口的调用

百度AI能力的使用主要有两个步骤：一个是需要通过鉴权认证获取当前有效的Access Token；二是根据这个有效的Access Token，配置相应的接口参数，调用相应的能力，如车型识别能力。

百度平台接入的鉴权认证机制：主要针对HTTP API调用者，百度AI开放平台使用OAuth2.0授权调用开放API，调用API时必须在URL中带上access_token参数。获取Access Token就是提供规定的请求URL数据格式，向授权服务地址https://aip.baidubce.com/oauth/2.0/token发送请求（推荐使用POST），并在URL中带上以下参数：

（1）grant_type：必须参数，固定为client_credentials。

（2）client_id：必须参数，应用的API Key。

（3）client_secret：必须参数，应用的Secret Key。

例如：

https://aip.baidubce.com/oauth/2.0/token?grant_type=client_credentials&client_id=Va5yQRHlA4Fq5eR3LT0vuXV4&client_secret=0rDSjzQ20XUj5itV6WRtznPQSzr5pVw2&

调用成功后返回的数据：

```
{
    "refresh_token": "25.b55fe1d287227ca97aab219bb249b8ab.315360000.1798284651.282335-8574074",
    "expires_in": 2592000,
    "scope": "public wise_adapt",
    "session_key": "9mzdDZXu3dENdFZQurfg0Vz8slgSgvvOAUebNFzyzcpQ5EnbxbF+hfG9DQkpUVQdh4p6HbQcAiz5RmuBAja1JJGgIdJI",
    "access_token": "24.6c5e1ff107f0e8bcef8c46d3424a0e78.2592000.1485516651.282335-8574074",
    "session_secret": "dfac94a3489fe9fca7c3221cbf7525ff"
}
```

如果出错,则返回:

```
{
    "error": "invalid_client",
    "error_description": "unknown client id"
}
```

在获得 access_token 后,可以调用相关功能的 API 来完成该功能,如车型识别能力。

```
# encoding:utf-8
import requests

# client_id 为官网获取的AK, client_secret 为官网获取的SK
host = 'https://aip.baidubce.com/oauth/2.0/token?grant_type=client_credentials&client_id=【官网获取的AK】&client_secret=【官网获取的SK】'
response = requests.get(host)
if response:
    print(response.json())
```

车型识别接口描述:识别图片中车辆的具体车型,可识别常见的 3000+ 款车型(小汽车为主),输出车辆的品牌型号、颜色、年份、位置信息;支持返回对应识别结果的百度百科词条信息,包含词条名称、百科页面链接、百科图片链接、百科内容简介。注:当前只支持单主体识别,若图片中有多个车辆,则识别目标最大的车辆。

HTTP 方法:POST

请求 URL:https://aip.baidubce.com/rest/2.0/image-classify/v1/car

URL 参数:

参数　值

access_token　通过 API Key 和 Secret Key 获取的 access_token

Header 如下:Content-Type 的数值为 application/x-www-form-urlencoded

Body 中放置请求参数,参数详情如表 6-1 所示。

表 6-1　参数详情

参　　数	是否必选	类　　型	可　　选	说　　明
image	是	string	-	图像数据,base64 编码,要求 base64 编码后大小不超过 4 MB,最短边至少 50 px,最长边最大 4 096 px,支持 jpg/png/bmp 格式。注意:图片需要 base64 编码,去掉编码头后再进行 urlencode
top_num	否	uint32	-	返回结果 top n,默认 5
baike_num	否	integer	0	返回百科信息的结果数,默认不返回

```
# encoding:utf-8
```

```python
import requests
import base64
'''
车型识别
'''
request_url = "https://aip.baidubce.com/rest/2.0/image-classify/v1/car"
# 二进制方式打开图片文件
f = open('[本地文件]', 'rb')
img = base64.b64encode(f.read())

params = {"image":img,"top_num":5}
access_token = '[调用鉴权接口获取的token]'
request_url = request_url + "?access_token=" + access_token
headers = {'content-type': 'application/x-www-form-urlencoded'}
response = requests.post(request_url, data=params, headers=headers)
if response:
    print (response.json())
```

返回的 JSON 数据：
```
  {
        "log_id": 4086212218842203806,
        "location_result": {
          "width": 447,
          "top": 226,
          "height": 209,
          "left": 188
        },
        "result": [{
          "baike_info": {
            "baike_url": "http://baike.baidu.com/item/%E5%B8%83%E5%8A%A0%E8%BF%AAChiron/20419512",
            "description": "布加迪 Chiron 是法国跑车品牌布加迪出品的豪华超跑车。配置四涡轮增压发动机，420 公里每小时，有 23 种颜色的选择，售价高达 260 万美元。"
          },
          "score": 0.98793351650238,
          "name": "布加迪 Chiron",
          "year": "无年份信息"
        },
        {
          "score": 0.0021970034576952,
          "name": "奥迪 RS5",
          "year": "2011-2017"
        },
        {
          "score": 0.0021096928976476,
```

```
            "name": "奥迪 RS4",
            "year": "无年份信息"
        },
        {
            "score": 0.0015581247862428,
            "name": "奥迪 RS7",
            "year": "2014-2016"
        },
        {
            "score": 0.00082337751518935,
            "name": "布加迪威航",
            "year": "2004-2015"
        }],
        "color_result": "颜色无法识别"
    }
```

6.1.2 数据接口与 JSON

JSON（JavaScript Object Notation）是一种轻量级的数据交换格式。它基于 ECMAScript (W3C 制定的 js 规范) 的一个子集，采用完全独立于编程语言的文本格式来存储和表示数据。JSON 拥有简洁和清晰的层次结构，易于人们阅读和编写，同时也易于机器解析和生成，并有效地提升网络传输效率，使得 JSON 成为理想的数据交换语言。

JSON 数据分为三种形式：对象，数组，值。

对象是一个无序的"'名称/值'对"集合。一个对象以"{"（左大括号）开始，"}"（右大括号）结束。每个"名称"后跟一个":"（冒号）；"'名称/值'对"之间使用","（逗号）分隔，如图 6-8 所示。

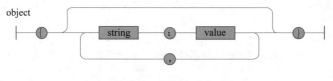

图 6-8 JSON 对象

数组是值（value）的有序集合。一个数组以"["（左中括号）开始，"]"（右中括号）结束。值之间使用","分隔，如图 6-9 所示。

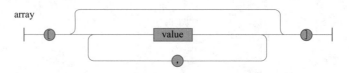

图 6-9 JSON 中的数组

值（value）可以是双引号括起来的字符串（string）、数值（number）、true、false、null、对象（object）或者数组（array）。这些结构可以嵌套，如图 6-10 所示。

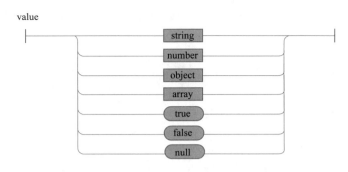

图 6-10　JSON 字符串、数组等的嵌套

下面是一个简单的例子：

```
{
  "Name": "Chen Zhifeng",
  "Profession" : "Teacher",
  "Age": 46,
  "Email": "13402506301@163.com",
  "Friends": ["Zhang San","Li Si"]
}
```

上面的数据示例表示了这样一个结构，首先数据被一对大括号包围，那么数据就是对象类型，然后它里面有 5 个属性，分别是 Name、Profession、Age、Email 和 Friends。其中 3 个属性 Name 、Profession 和 Email 是字符串类型；Age 属性代表年龄，所以它的值是一个 Number 类型的 46。注意：字符串类型和数字类型的区别，字符串类型的值用一对双引号括了起来，而数值类型不需要双引号。

最后，Friends 属性的值是一个数组，用一对中括号包围起来，而数组中的元素，仍然是字符串类型。

下面再分析一个例子：某高校组建了一个 iOS 开发的兴趣小组，这个小组的名称为 iOS-Orange-Team，指导教师为 Chen Zhifeng，小组的学生有 3 个，分别为 Zhang bo、Chang Wenxiang 和 Hu yinting。

```
{
"TeamName":"iOS-Orange-Team",
"Teacher":"Chen Zhifeng",
"Students":[
{ "Name": "Zhang Bo", "Hometown":"Xuzhou"},
{"Name":" Chang Wenxiang ","Hometown":"Yancheng"},
{"Name":" Hu Yinting","Hometown":"Suzhou"}
]
}
```

通过在浏览器中访问网址来获得英国伦敦的天气预报等信息：http://samples.

openweathermap.org/data/2.5/weather?q=London,uk&appid=b1b15e88fa797225412429c1c50c1 22a1，得到类似以下 JSON 数据：

```
{
    "coord":{"lon":-0.13,"lat":51.51},
      "weather":[{"id":300,"main":"Drizzle","description":"light intensity drizzle","icon":"09d"}],
    "base":"stations",
    "main":{
    "temp":280.32,
    "pressure":1012,
    "humidity":81,
    "temp_min":279.15,
    "temp_max":281.15
    },
    "visibility":10000,
    "wind":{"speed":4.1,"deg":80},
    "clouds":{"all":90},
    "dt":1485789600,
    "sys":{
    "type":1,
    "id":5091,
    "message":0.0103,
    "country":"GB",
    "sunrise":1485762037,
    "sunset":1485794875
    },
    "id":2643743,
    "name":"London",
    "cod":200
}
```

6.1.3 数据 JSON 解析实例

1. 搭建 JSON 访问 Mock 服务器

为了更好地分工合作，让前端能在不依赖后端环境的情况下进行开发，其中一种手段就是为前端开发者提供一个 web 容器，这个本地环境就是 mock server。要完整运行前端代码，通常并不需要自己去开发完整的后端环境，只要使用 mock server 就可以满足要求了。

渲染模板很简单，在 mock server 中集成模板引擎即可，然后提供模拟的页面数据用于完整渲染页面，不过有时候生产环境中的模板引擎可能有一些环境依赖的扩展，这个要单独实现。

这里，主要为了编程实现网络访问，获取 JSON 数据的需要，才搭建 Mock 服务器。

当然也可以直接访问网址 http://www.mockhttp.cn 来快速设置 JSON 数据，如图 6-11 所示。用户设置完成后，可以通过浏览器访问所生成的数据，其网址为：http://www.mockhttp.cn/mock/zfchen。

图 6-11　在线 Mock 服务器的设置和修改

搭建 Mock 服务器主要使用了 NPM 工具来进行安装，json-sever 安装：npm install json-server -g。mock.js 安装：npm install mockjs -g。

安装完成后，编写一个 myjson.js 文件，生成 1000 组数据。

```
# myjson.js

module.exports = function() {
  var data = { users: [] }
  // Create 1000 users
  for (var i = 0; i < 1000; i++) {
    data.users.push({ id: i, name: 'user' + i })
  }
  return data
}
```

打开终端，在该文件所在的文件夹下输入命令 json-server myjson.js -p 3004，如图 6-12 所示。

用户可以打开浏览器访问网址：http://localhost:3004/users，如图 6-13 所示。

当然，还可以生成较为复杂的数据，如一个新闻列表，其中有 100 条新闻，每条新闻有对应的 id、标题、内容、简介、标签、浏览量和一个图片数组。

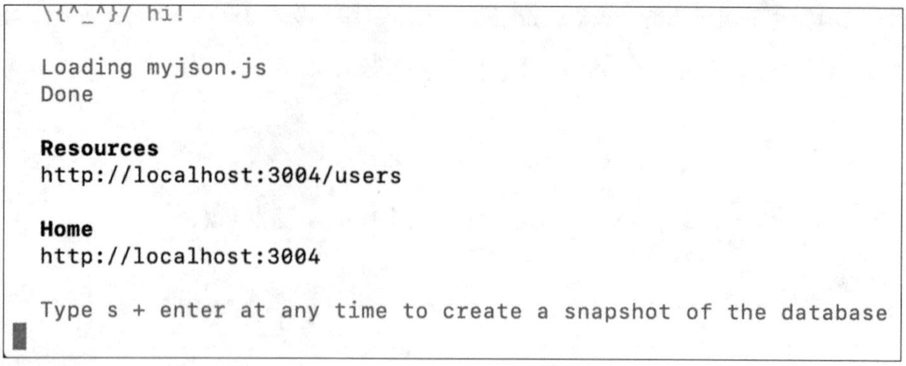
\{^_^}/ hi!
Loading myjson.js
Done
Resources
http://localhost:3004/users
Home
http://localhost:3004
Type s + enter at any time to create a snapshot of the database

图 6-12　JSON 数据的自动生成

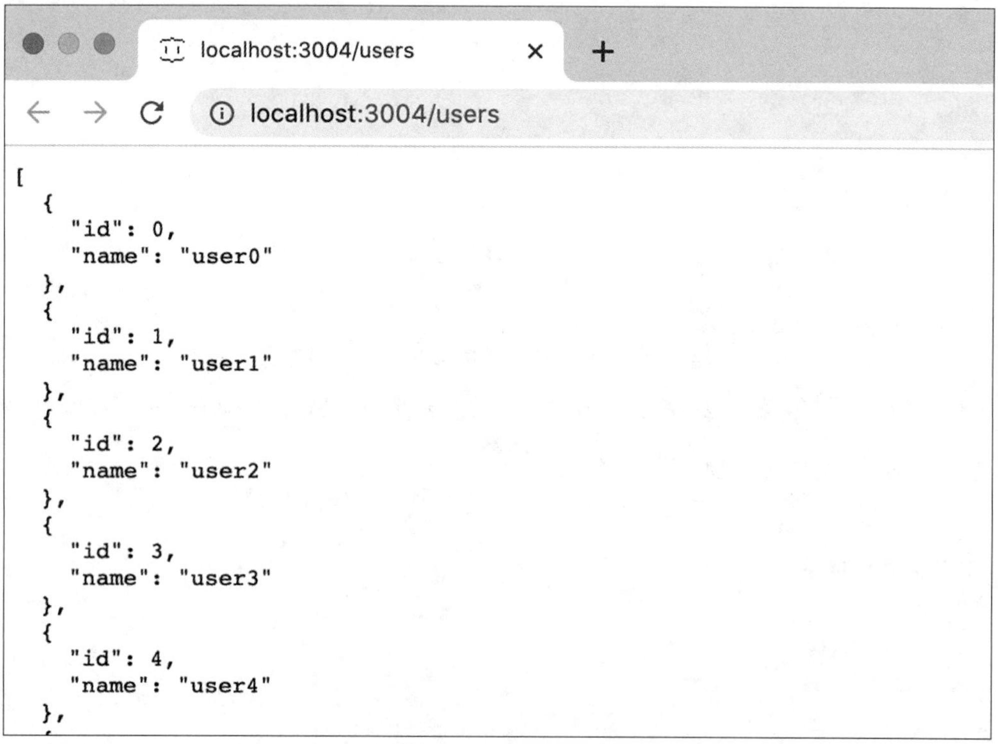
localhost:3004/users
localhost:3004/users
[
{
"id": 0,
"name": "user0"
},
{
"id": 1,
"name": "user1"
},
{
"id": 2,
"name": "user2"
},
{
"id": 3,
"name": "user3"
},
{
"id": 4,
"name": "user4"
},

图 6-13　浏览器访问自建的 MOCK 服务器

```
# news.js
let Mock  = require('mockjs');
let Random = Mock.Random;
module.exports = function() {
  var data = {
    news: []
  };
  var images = [1,2,3].map(x=>Random.image('200x100', Random.color(), Random.word(2,6)));
  for (var i = 0; i < 100; i++) {
```

```
        var content = Random.cparagraph(0,10);
        data.news.push({
            id: i,
            title: Random.cword(8,20),
            desc: content.substr(0,40),
            tag: Random.cword(2,6),
            views: Random.integer(100,5000),
            images: images.slice(0,Random.integer(1,3))
        })
    }
    return data
}
```

打开终端，运行 news.js 程序，在该文件所在的文件夹下输入命令 json-server news.js -p 3004，然后打开浏览器访问，可以得到如图 6-14 所示的 JSON 数据。

图 6-14　较为复杂的 MOCK 数据

2.Swift 中的 JSONSerialization

前面已经完成了 JSON 数据服务器的搭建。那么通过网络访问，就可以从服务端获取返回的 JSON 格式消息，如图 6-15 所示。

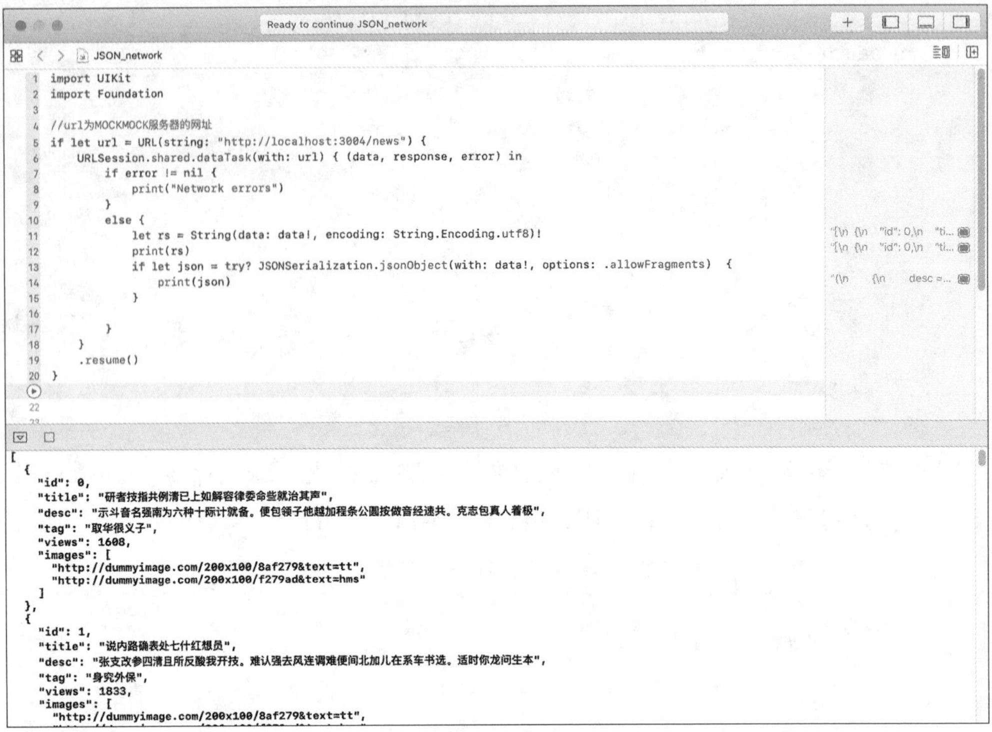

图 6-15 在 Playground 中访问自建 MOCK 服务器

在 Swift 的 Foundation 框架中，提供了网络访问能力 URLSession，也提供了 JSONSerialization 类将 JSON 格式的数据转换为 Swift 的 Dictionary、Array、String、Number 和 Bool 等类型。当然，有的时候因为无法确定 iOS 接收的 JSON 结构或值，也就无法正确地序列化对象模型。

```
import UIKit
import Foundation

//url为MOCKMOCK服务器的网址
if let url = URL(string: "http://localhost:3004/news") {
    URLSession.shared.dataTask(with: url) { (data, response, error) in
        if error != nil {
            print("Network errors")
        }
        else {
            let rs = String(data: data!, encoding: String.Encoding.utf8)!
            print(rs)
            if let json = try? JSONSerialization.jsonObject(with: data!, options: .allowFragments)  {
                print(json)
            }
```

```
            }
        }
        .resume()
}
```

6.2 网络访问 URLSession

URLSession 是苹果提供的原生网络访问类，提供了配置每个会话的缓存、协议、cookie 和证书政策（credential policies），甚至跨应用程序共享它们的能力。这使得框架的网络基础架构和部分应用程序独立工作，而不会互相干扰。每一个 URLSession 对象都是根据 URLSessionConfiguration 初始化的，该 URLSessionConfiguration 指定策略，以及一系列为了提高移动设备性能而专门添加的新选项。

URLSession 的另一重要组成部分是会话任务，它负责处理数据的加载，以及客户端与服务器之间的文件和数据的上传下载服务。

需要注意的是，由于 NSURLSession 采用的是"异步阻塞"模型，所以在实现代理方法更新 UI 时需要将线程切回主线程。

6.2.1 URLSession 的用法

URLSession 的使用非常简单，先根据会话对象创建一个请求 Task，然后执行该 Task 即可。URLSessionTask 本身是一个抽象类，在使用的时候，通常是根据具体的需求使用其子类。

URLSession 使用的第 1 步需要配置会话模式，其支持以下 3 种会话模式：

①默认会话模式（default）：默认模式，基于磁盘缓存的持久化策略，使用用户 keychain 中保存的证书进行认证授权。

②瞬时会话模式（ephemeral）：不存储任何数据在磁盘中，所有数据都保存在 RAM 中，当会话结束后，缓存数据将被清空。

③后台会话模式（background）：该模式类似于默认模式，只是将上传和下载移至后台处理，需要提供 String 用于标识后台会话。

第 2 步，在配置完会话模式后，就可以获取 NSURLSession 对象了。获取对象的方法有以下几种：

① sharedSession 获取的会话使用的是默认配置（default），全局共享的 Cookies、Cache 和证书。

②使用构造器构造一个指定配置的会话对象。

③使用构造器构造一个指定配置对象，并指定代理及代理列队。

第3步，在获取完会话对象后，就需要设定会话任务了。在这里是通过建立一个会话任务对象来实现布置任务的。在一个会话中，NSURLSession 支持三种会话任务：数据任务（URLSessionDataTask）；上传任务（URLSessionUploadTask）；下载任务（URLSessionDownloadTask）。

第4步，最后获得任务对象后，就可以对它进行操作。

1. 获取数据和下载文件

Data Task 加载数据：使用全局的 URLSession.shared 和 dataTask 方法创建。使用 NSData 对象来发送和接收数据。数据任务可以分片返回数据，也可以通过完成处理器一次性返回数据。由于数据任务不存储数据到文件，所以不支持后台会话，示例程序：

```swift
func sessionGetData(){
    // 创建 URL 对象
    let urlString = "http://www.tuling123.com/"
    let url = URL(string:urlString)
    // 创建请求对象
    let request = URLRequest(url: url!)
    
    let session = URLSession.shared
    let dataTask = session.dataTask(with: request,
            completionHandler: {(data, response, error) -> Void in
                if error != nil{
                    print(error.debugDescription)
                }else{
                    let str = String(data: data!, encoding: String.Encoding.utf8)
                    print(str!)
                }
    }) as URLSessionTask
    
    // 使用 resume 方法启动任务
    dataTask.resume()
}
```

注意：苹果要求 APP 内访问的网络必须使用 HTTPS 协议，为了能在 iOS 中访问 http 网络数据，必须在 Xcode 的工程文件中，找到 Info.plist 文件，在里面添加相关键值"App Transport Security Setting" → "Allow Arbitrary Loads" → "YES"，如图 6-16 所示。

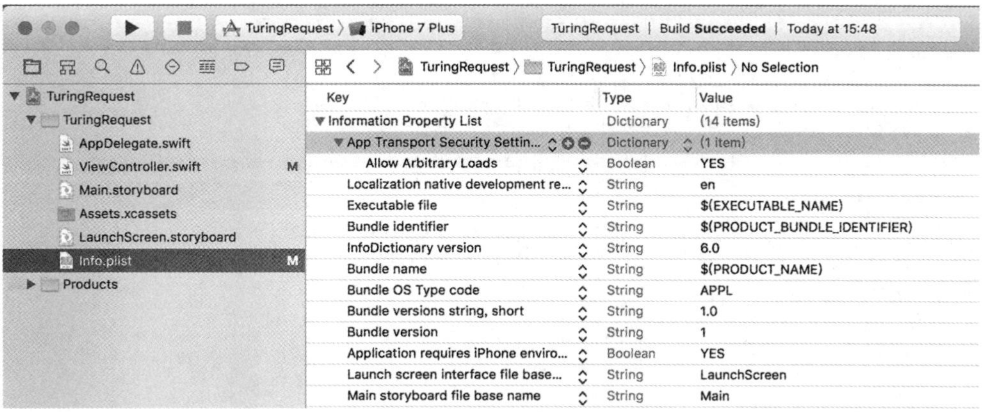

图 6-16 开放 http 网络访问设置

如果 Info.plist 文件设置不正确，就会出现提示信息：App Transport Security has blocked a cleartext HTTP (http://) resource load since it is insecure. Temporary exceptions can be configured via your app's Info.plist file。

Download Task 下载文件：以文件的形式接收数据，当程序不运行时支持后台下载。使用全局的 URLSession.shared 和 dataTask 方法创建。通过下载指定的图片文件到应用程序的 Documents 目录中，采用了时间戳，保证文件不会重名，示例程序如下：

```swift
func sessionDownloadImage(){
    //下载地址
    let url = URL(string: "http://hangge.com/blog/images/logo.png")
    //请求
    let request = URLRequest(url: url!)
    
    let session = URLSession.shared
    //下载任务
    let downloadTask = session.downloadTask(with: request,
                                completionHandler: {
            (location:URL?, response:URLResponse?, error:Error?)
                                            -> Void in
            
            //输出下载文件原来的存放目录
            print("location:\(String(describing: location))")
            //location 位置转换
            let locationPath = location?.path
            
            //获取当前时间
            let now = NSDate()
            //当前时间的时间戳
            let timeInterval:TimeInterval = now.timeIntervalSince1970
            let timeStamp = String(timeInterval)
            //拷贝到用户目录
```

```
            let documents:String = NSHomeDirectory() + "/Documents/\
(timeStamp).png"
            // 创建文件管理器
            let fileManager = FileManager.default
            try! fileManager.moveItem(atPath: locationPath!, toPath: documents)
            
            print("new location:\(documents)")
            
        } )
        
        // 使用 resume 方法启动任务
        downloadTask.resume()
    }
```

2. 服务器设置和文件上传

为了服务器能接收我们发送的文件，需要在自己的 Mac 计算机进行相关的设置。macOS Sierra 不但内置 Apache 服务器，还包括 PHP、Python、Ruby、Perl 等常用的脚本语言，这些都不需要我们自己编译安装，只需开启 Apache 和支持 PHP 即可使用，如图 6-17 所示。

图 6-17　Mac 中 Apache 服务器根目录 /Library/WebServer/Documents

可以通过如下命令进行开启、关闭以及重启：

```
$ sudo apachectl start | stop | restart
```

开启后，打开浏览器，访问 http://localhost/，如果出现 It works!，则 Apache 可以正常使用。

macOS Sierra 已内置了 PHP 5.6，因此只需要在 Apache 的配置中加载 PHP 模块即可。

打开 Apache 配置文件 /etc/apache2/httpd.conf，找到如下代码，去掉前面的注释 (#)：

```
#LoadModule php5_module libexec/apache2/libphp5.so
```

默认没有生成 php.ini 配置文件，运行如下命令生成，也可以直接复制改名字：

```
$ sudo cp /etc/php.ini.default /etc/php.ini
```

重启 Apache 后，在 /Users/sean/webroot 目录下新建 phpinfo.php，内容如下：

```
<?php
phpinfo();
?>
```

打开浏览器，访问 http://localhost/phpinfo.php，如果出现 PHP 的相关信息，则配置成功。

在服务器根文件夹中建立一个 uploadFiles 子文件夹，然后配置能接收文件上传的服务器端程序 uploadSwift.php，示例程序如下：

```
<?php
/** php 接收流文件
 * @param  String   $file 接收后保存的文件名
 * @return boolean
 */
function receiveStreamFile($receiveFile){
    $streamData = isset($GLOBALS['HTTP_RAW_POST_DATA'])? $GLOBALS['HTTP_RAW_POST_DATA'] : '';

    if(empty($streamData)){
        $streamData = file_get_contents('php://input');
    }

    if($streamData!=''){
        $ret = file_put_contents($receiveFile, $streamData, true);
    }else{
        $ret = false;
    }

    return $ret;
}
```

```php
// 定义服务器存储路径和文件名
$receiveFile =  $_SERVER["DOCUMENT_ROOT"]."/uploadFiles/swift.png";
echo $receiveFile;
$ret = receiveStreamFile($receiveFile);
echo json_encode(array('success'=>(bool)$ret));

?>
```

Upload Task 上传文件：通常以文件的形式发送数据，支持后台上传，示例程序如下：

```swift
func sessionUploadPhp(){
    // 上传地址
    let url = URL(string: "http://localhost/uploadSwift.php")
    //1.创建会话对象
    let session = URLSession.shared
    // 请求
    var request = URLRequest(url: url!, cachePolicy: .reloadIgnoringCacheData)
    request.httpMethod = "POST"
    // 上传数据流
    let fileImage = Bundle.main.path(forResource: "bee1", ofType: "png")
    let imgData = try! Data(contentsOf: URL(fileURLWithPath: fileImage!))
    
    let uploadTask = session.uploadTask(with: request as URLRequest, from: imgData) {
        (data:Data?, response:URLResponse?, error:Error?) -> Void in
        // 上传完毕后
        if error != nil{
            print(error!)
        }else{
            let str = String(data: data!, encoding: String.Encoding.utf8)
            print("上传完毕: \(String(describing: str))")
        }
    }
    
    // 使用 resume 方法启动任务
    uploadTask.resume()
}
```

6.2.2　车型识别能力的调用

Http 定义了与服务器交互的不同方法，最基本的方法有 4 种，分别是 GET、POST、PUT、DELETE。URL 全称是资源描述符，我们可以这样认为：一个 URL 地址，它用于描述一个网络上的资源，而 HTTP 中的 GET、POST、PUT、DELETE 就对应着对这个资源的查、改、增、删 4 个操作。因此，GET 一般用于获取 / 查询资源信息，而 POST 一般用于更新资源信息。

因为 GET 是通过 URL 提交数据，那么 GET 可提交的数据量就跟 URL 的长度有直接关系。而实际上，URL 不存在参数上限的问题，HTTP 协议规范没有对 URL 长度进行限制。这个限制是特定的浏览器及服务器对它的限制。IE 对 URL 长度的限制是 2 083 字节 (2K+35)。对于其他浏览器，如 Netscape、FireFox 等，理论上没有长度限制，其限制取决于操作系统的支持。

POST 把提交的数据则放置在 HTTP 包的包体中。理论上讲，POST 数据是没有大小限制的，HTTP 协议规范也没有进行大小限制，对 POST 数据起限制作用的是服务器的处理能力。

下面我们分别采用 GET 方法和 POST 方法访问百度 AI 开放平台，分别获取鉴权认证和上传图片进行车型识别。

1. 采用 GET 方法鉴权认证

GET 请求的数据会附在 URL 之后（就是把数据放置在 HTTP 协议头中），以 ? 分割 URL 和传输数据，参数之间以 & 相连，如：

https://aip.baidubce.com/oauth/2.0/token?grant_type=client_credentials&client_id=Va5yQRHlA4Fq5eR3LT0vuXV4&client_secret=0rDSjzQ20XUj5itV6WRtznPQSzr5pVw2&

如果数据是英文字母 / 数字，原样发送；如果是空格，转换为 %20；如果是中文 / 其他字符，则直接把字符串用 BASE64 加密，得出如：%E4%BD%A0%E5%A5%BD，其中 %XX 中的 XX 为该符号以 16 进制表示的 ASCII 码。

根据百度鉴权认证的要求，在已经注册开发者账号，创建应用，获得 API Key 和 Secret Key 的前提下，用户通过 NSURLSession 获取服务器数据的方法，实现从百度 AI 开放平台获得鉴权认证，如图 6-18 所示。

图 6-18　采用 GET 方法获取百度鉴权认证

具体程序根据用户的 API_Key 和 Secret_Key 来生成一个访问网址，然后使用 URLSession 调用网络访问，返回的结果 JSONSerialization 进行 JSON 解析。

```swift
import UIKit
import Foundation

let API_Key = "EIpAlhdD7i5152EsiNqpU0F_"
let Secret_Key = "p8EZWg4agjDOxABmKvBYSNyZ1YzGFqb_"

let token_host = "https://aip.baidubce.com/oauth/2.0/token?grant_type=client_credentials&client_id=\(API_Key)&client_secret=\(Secret_Key)"

var access_token = ""
var expires_in : Int32 = 0

if let url = URL(string: token_host) {
    URLSession.shared.dataTask(with: url) { (data, response, error) in
        if error != nil {
            print("network error")
        }
        else {
            if let json = try? JSONSerialization.jsonObject(with: data!, options: .allowFragments) as? [String : Any] {
                access_token = json["access_token"] as! String
                expires_in = json["expires_in"] as! Int32
                print("--------access_token------")
                print(access_token)
                print("--------expires_time------")
                print(expires_in)
                
            }
        }
    }
    .resume()
}
else {
    print("url error")
}
```

2. 采用 POST 方法获取车型信息

POST 把提交的数据放置在是 HTTP 包的包体中，安全性相对要高一些。下面根据车型识别的要求，通过 POST 方法来获取上传图片的车型信息。

首先要准备一张车型的图片，图片尺寸不能太大，一般不超过 2 MB 字节，导入到 playground 中，如图 6-19 所示。

图 6-19　playground 中被识别的车型图片

为了方便在 Playground 中访问这些文件，专门建立了一个 Loader，可以实现文本文件和二进制文件的读入打开。

```
// 以文本或者二进制方式读入源程序文件的 Loader
public struct Loader {
    static func readTxt(file url:URL) -> String? {
        do {
            let source = try String(contentsOf: url)
            return source
        }
        catch {
            return nil
        }
    }
    static func readBin(file url:URL) -> Data? {
        do {
            let data = try Data(contentsOf: url)
            return data
        }
        catch {
            return nil
        }
    }
}
```

在获得鉴权认证基础上，利用 Access Token，配置 HTTP 访问参数，就可以获得车型 JSON 数据，如图 6-20 所示。

图 6-20 采用 POST 方法获得车型信息

在程序中,首先访问在 Resources 中的图片文件 qrcar.jpg,然后构建访问链接,接着对已经完成 Base64 转码的图片文件进行 urlencode 编码,URLSession 网络调用,返回数据。

```
//Resources 中的文件,并把路径转化为 URL
let path = Bundle.main.path(forResource: "qrcar.jpg", ofType: nil)
let url = URL(fileURLWithPath: path!)

let data = Loader.readBin(file: url)

if(data == nil) {
    print("File failed to load")
}

let data_base64_str = data?.base64EncodedString()
let data_base64 = data?.base64EncodedData()


access_token = "24.2ec96a68f74a8429b0f07869929413ae.2592000.1598921312.282335-21737249"
    let carType_host =   "https://aip.baidubce.com/rest/2.0/image-classify/v1/car" + "?access_token=" + "\(access_token)"

    if let url = URL(string: carType_host) {
```

```
        var request = URLRequest(url: url)
        request.setValue("application/x-www-form-urlencoded", forHTTPHeaderField: "Content-Type")
        request.httpMethod = "POST"

        let cs = NSCharacterSet(charactersIn: "/=+%").inverted
        let image_urlEncode = data_base64_str!.addingPercentEncoding(withAllowedCharacters: cs)
        let postString = "image=\(image_urlEncode!)&top_num=5&baike_num=1"

        request.httpBody = postString.data(using: .utf8)

        URLSession.shared.dataTask(with: request) { (data, response, error) in
            if error != nil {
                print("error")
            }
            else {
                let rs = String(data: data!, encoding: String.Encoding.utf8)
                print(rs!)
            }
        }
        .resume()
    }
```

返回的 JSON 数据可以了解到车型等各种信息。经过规范化，可以清楚地看出其 JSON 结构。从中可以看到，返回了多条记录，但其评分不同，最前面的那条记录，评分最高，为 0.9767324924468994，最后 1 条记录的评分仅为 0.001047104829922318。因此，这个图片最有可能的车型是"奇瑞 E5"。

```
{
    "log_id": 4368540366187197442,
    "location_result":
    {
        "width": 386.4585876464844,
        "top": 81.3405532836914,
        "height": 183.9795532226562,
        "left": 58.03330230712891
    },
    "result":
    [
        {
            "score": 0.9767324924468994,
            "year": "2014-2017",
            "baike_info":
```

```
            {
                "baike_url": "/item/%E5%A5%87%E7%91%9EE5/475143",
                "image_url":
                    "/pic/5882b2b7d0a20cf47a91d7777c094b36acaf9910",
                "description":
                    "2014 款奇瑞 E5 是国内科技家轿的引领者，带领消费者悦享领先科技。"
            },
            "name": "奇瑞 E5"
        },
        {
            "score": 0.007103727199137211,
            "name": "奇瑞旗云",
            "year": "2010-2013"
        },
        {
            "score": 0.003686367534101009,
            "name": "奇瑞艾瑞泽 7",
            "year": "2016-2017"
        },
        {
            "score": 0.001757977530360222,
            "name": "奇瑞 E3",
            "year": "2015-2017"
        },
        {
            "score": 0.001047104829922318,
            "name": "奇瑞 A5",
            "year": "2015"
        }
    ],
    "color_result": "黑色"
}
```

6.3 项目实现

6.3.1 相册图片的显示

为了能使用相册图片和摄像头，要设置相关隐私许可权，就是在 info.plist 文件中增加两项数据，如图 6-21 所示。

Privacy-Photo Library Usage Description 控制相册的访问，Privacy-Camera Usage Description 控制摄像头的访问。

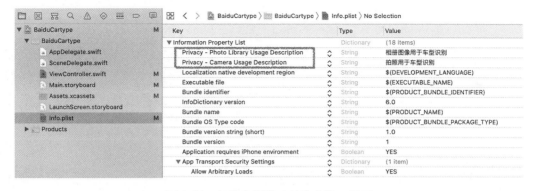

图 6-21　相册和摄像头的隐私许可设置

下面，使用3个组件：1个ImageView，2个Button，实现从相册或者摄像头中获取图像，并显示出来，如图6-22所示。

图 6-22　从相册或者摄像头中获得图像

首先，从库中拖放三个组件，设置好大小尺寸和Autosizing等。

然后，设置Outlet和Action。其中，ImageView设置为Outlet，其变量名为carImageView；左边的Button设置为Action，其事件名称为onLibrary；右边的Button设置为Action，其事件名称为onCamera。

最后，编写相应的程序，在模拟器中运行可以使用相册功能，但无法使用拍照功能。如果需要真机调试，用户需要申请Apple ID。

```
//
//  ViewController.swift
//  CameraUsage
//
```

```swift
//  Created by Zhifeng Chen on 2020/8/2.
//  Copyright © 2020 Zhifeng Chen. All rights reserved.
//

import UIKit

class ViewController: UIViewController ,UINavigationControllerDelegate ,UIImagePickerControllerDelegate{
    //设置图像显示用的Outlet，就是变量carImageView
    @IBOutlet weak var carImageView: UIImageView!
    //设置Action，由相册按钮事件触发
    @IBAction func onLibrary(_ sender: UIButton) {
        //设置相册拍照的控制器
        let vc = UIImagePickerController()
        //设置为相册
        vc.sourceType = .photoLibrary
        vc.allowsEditing = true
        vc.delegate = self
        present(vc, animated: true)
    }
    //设置Action，由拍照按钮事件触发
    @IBAction func onCamera(_ sender: UIButton) {
        let vc = UIImagePickerController()
        //设置为摄像头
        vc.sourceType = .camera
        vc.allowsEditing = true
        vc.delegate = self
        present(vc, animated: true)
    }
    //相册获取图片需要调用的Delegate
    func imagePickerController(_ picker: UIImagePickerController, didFinishPickingMediaWithInfo info: [UIImagePickerController.InfoKey : Any]) {
        picker.dismiss(animated: true)
        guard let image = info[.editedImage] as? UIImage else {
            return
        }
        //将相册图片显示在carImageView中
        carImageView.image = image
    }
}
```

6.3.2 车型识别的实现

在完成了采用相册和摄像头实现图片的输入后，结合URLSession的网络功能，根据百度AI的要求，编写相应的程序实现车型识别。

当然，在模拟器中运行时候，只可以使用相册功能，通过这些图片来识别车型，拍

照功能只能在真机中实现。

这时候，还需要新增两个 Label 以及相应的 Outlet，一个用于显示车辆的名称型号，其 Outlet 为 carName，另一个用于显示该车辆在百度百科中的介绍，其 Outlet 为 carDetails，如图 6-23 所示。

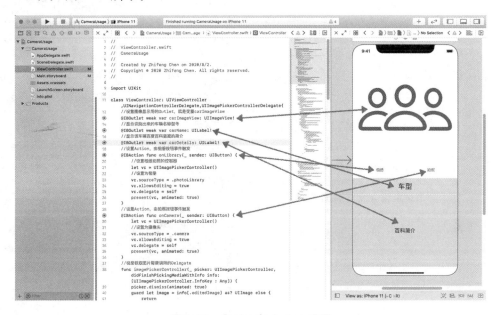

图 6-23　Outlet 和 Action 设置

用户可以在 iPhone 模拟器中设置好中文，然后打开浏览器，从汽车之家等网站下载汽车图片到该模拟器相册中，程序识别运行效果如图 6-24 所示。

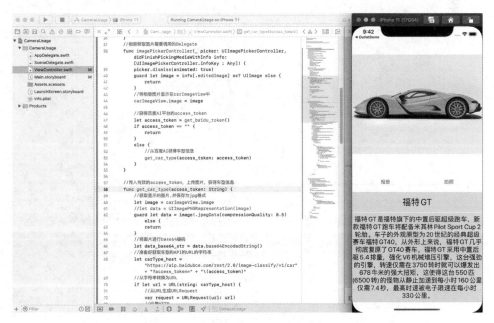

图 6-24　从相册中获取图片并进行识别

```swift
//
//  ViewController.swift
//  CameraUsage
//
//  Created by Zhifeng Chen on 2020/8/2.
//  Copyright © 2020 Zhifeng Chen. All rights reserved.
//

import UIKit

class ViewController: UIViewController ,UINavigationControllerDelegate ,UIImagePickerControllerDelegate{
    //设置图像显示用的Outlet,就是变量carImageView
    @IBOutlet weak var carImageView: UIImageView!
    //显示识别出来的车辆名称型号
    @IBOutlet weak var carName: UILabel!
    //显示该车辆百度百科里面的简介
    @IBOutlet weak var carDetails: UILabel!
    //设置Action, 由相册按钮事件触发
    @IBAction func onLibrary(_ sender: UIButton) {
        //设置相册拍照的控制器
        let vc = UIImagePickerController()
        //设置为相册
        vc.sourceType = .photoLibrary
        vc.allowsEditing = true
        vc.delegate = self
        present(vc, animated: true)
    }
    //设置Action, 由拍照按钮事件触发
    @IBAction func onCamera(_ sender: UIButton) {
        let vc = UIImagePickerController()
        //设置为摄像头
        vc.sourceType = .camera
        vc.allowsEditing = true
        vc.delegate = self
        present(vc, animated: true)
    }
    //相册获取图片需要调用的Delegate
    func imagePickerController(_ picker: UIImagePickerController, didFinishPickingMediaWithInfo info: [UIImagePickerController.InfoKey : Any]) {
        picker.dismiss(animated: true)
        guard let image = info[.editedImage] as? UIImage else {
            return
        }
        //将相册图片显示在carImageView中
        carImageView.image = image
```

```swift
        // 获得百度 AI 平台的 access_token
        let access_token = get_baidu_token()
        if access_token == "" {
            return
        }
        else {
            // 从百度 AI 获得车型信息
            get_car_type(access_token: access_token)
        }
    }
    
    // 传入有效的 access_token, 上传图片, 获得车型信息
    func get_car_type(access_token: String) {
        // 获取显示的图片，并保存为 jpg 格式
        let image = carImageView.image
        //let data = UIImagePNGRepresentation(image)
        guard let data = image!.jpegData(compressionQuality: 0.5) else {
            return
        }
        // 将图片进行 base64 编码
        let data_base64_str = data.base64EncodedString()
        // 准备好获取车型的 API 的 URL 的字符串
        let carType_host =  "https://aip.baidubce.com/rest/2.0/image-classify/v1/car" + "?access_token=" + "\(access_token)"
        // 从字符串转换为 URL
        if let url = URL(string: carType_host) {
            // 从 URL 生成 URLRequest
            var request = URLRequest(url: url)
            // 设置 HTTP HEADER 中的 Content-Type 为 application/x-www-form-urlencoded
            request.setValue("application/x-www-form-urlencoded", forHTTPHeaderField: "Content-Type")
            // 设置为 POST 方法
            request.httpMethod = "POST"
            // 将图片文件进行 urlencode 转码
            let cs = NSCharacterSet(charactersIn: "/=+%").inverted
            let image_urlEncode = data_base64_str.addingPercentEncoding(withAllowedCharacters: cs)
            // 合并三个参数为一个字符串
            let postString = "image=\(image_urlEncode!)&top_num=5&baike_num=1"
            // 将字符串转为 UTF8 类型的数据
            request.httpBody = postString.data(using: .utf8)
            //URLSession 调用
            URLSession.shared.dataTask(with: request) { (data, response, error) in
```

```swift
                            if error != nil {
                                print("error")
                            }
                            else {
                                if let json = try? JSONSerialization.jsonObject(with: data!, options: .allowFragments) as? [String : Any] {
                                    let result = json["result"] as! Array<Dictionary<String,Any>>
                                    let name = result[0]["name"] as! String
                                    var description = "非车类"
                                    if name != "非车类" {
                                        let baike_info = result[0]["baike_info"] as! Dictionary<String,String>
                                        if let details = baike_info["description"] {
                                            description = details
                                        }
                                        else {
                                            description = "百度百科无此车资料"
                                        }
                                    }
                                    // 转入主线程
                                    DispatchQueue.main.async {
                                        self.carDetails.text = description
                                        self.carName.text = name
                                    }
                                }
                            }
                        }
                        .resume()
                    }
                }

    // 以信号量方式等待网络结果返回access_token，如果没有成功，则返回""
    func get_baidu_token()->String {
        let API_Key = "EIpAlhdD7i5152EsiNqpU0F1"
        let Secret_Key = "p8EZWg4agjDOxABmKvBYSNyZ1YzGFqbm"
        let token_host = "https://aip.baidubce.com/oauth/2.0/token?grant_type=client_credentials&client_id=\(API_Key)&client_secret=\(Secret_Key)"
        
        var access_token = ""
        //设置信号量
        let semaphore: DispatchSemaphore = DispatchSemaphore(value: 0)
        
        if let url = URL(string: token_host) {
            URLSession.shared.dataTask(with: url) { (data, response, error) in
                if error != nil {
```

```swift
                    print("network error")
                }
                else {
                    if let json = try? JSONSerialization.jsonObject(with: data!, options: .allowFragments) as? [String : Any] {
                        access_token  = json["access_token"] as! String
                    }
                }
                // 发出信号量
                semaphore.signal()
            }
            .resume()
        }
        else {
            print("url error")
        }
        // 等待信号量
        semaphore.wait()
        return access_token
    }
}
```

附录 A 用户界面要素

1. 应用程序图标尺寸（App Icon Sizes）

每个应用程序都需要一个美丽的和令人难忘的图标，在应用程序商店或者主屏幕上吸引人们的关注。图标提供了第一次交流的机会，应用程序的目的是一目了然。它也出现在整个系统中，如在设置和搜索结果。

应用程序安装后，系统会根据硬件的分辨率选择相应的图标在主屏幕上或整个系统中显示，因此，每一个应用程序必须提供小型和大型应用程序图标。为不同的设备提供不同大小的小图标，可以确保应用程序图标看起来完美，从而支持所有的设备。

应用程序图标其标准规范如下表。

设备或内容	图标尺寸
iPhone	180 px × 180 px (60 pt × 60 pt @3x)
	120 px × 120 px (60 pt × 60 pt @2x)
iPad Pro	167 px × 167 px (83.5 pt × 83.5 pt @2x)
iPad, iPad mini	152 px × 152 px (76 pt × 76 pt @2x)
APP Store	1 024 px × 1 024 px

虽然大图标的使用效果不同于小图标，不过它仍然是应用程序图标。一般在外观上要与较小的图片相匹配，能展现更微妙、更丰富和更详细的视觉效果。

2. 突出显示 Spotlight，设置 Settings 和消息通知 Notification 图标

每个应用程序还应该在搜索匹配时，提供一个小图标用于显示。另外，在应用程序设置的时候应该提供一个小图标，一些支持消息通知的应用程序在获得通知的时候也需要提供一个小图标。所以这些小图标都应该能清晰地标识应用程序，理想情况下，要和应用程序图标一致。当然，如果没有提供这些图标，iOS 会自动缩放主应用程序图标来满足这些显示的需要。

设 备	图标尺寸
iPhone	120 px × 120 px (40 pt × 40 pt @3x)
	80 px × 80 px (40 pt × 40 pt @2x)
iPad Pro, iPad, iPad mini	80 px × 80 px (40 pt × 40 pt @2x)

设 备	图标尺寸
iPhone	87 px × 87 px (29 pt × 29 pt @3x)
	58 px × 58 px (29 pt × 29 pt @2x)
iPad Pro, iPad, iPad mini	58 px × 58 px (29 pt × 29 pt @2x)

设 备	图标尺寸
iPhone	60 px × 60 px (20 pt × 20 pt @3x)
	40 px × 40 px (20 pt × 20 pt @2x)
iPad Pro, iPad, iPad mini	40 px × 40 px (20 pt × 20 pt @2x)

3. 自定义图标（Custom Icons）

如果系统提供的图标还不能满足你的应用程序所包括的任务或者模式，或者系统图标和应用程序风格不匹配，那么应该建立自己的图标。一个自定义的图标，有的时候称为模板，颜色等信息会被丢弃，只使用其轮廓，常常被用于导航条、tab、工具栏或者屏幕快速操作等。

Favorites　Recents　Contacts　Keypad　Voicemail

（1）简洁而富有特点的设计：太多的细节会让图标很不容易被理解。能被大众很好地理解是最重要的。

（2）设计透明、抗锯齿、无阴影的单一颜色图标：iOS 会忽略颜色信息，因此没有必要使用多种颜色，透明有利于突出图标形状。

（3）图标的一致性：无论是只使用自定义图标，或者混合使用系统图标，所有的图标应该使用相同规格的尺寸，一致的细节表现，包括笔画粗细等。如果想让图标和 iOS 的相近，建议使用细笔画，一般在 1pt（在 @2x 精度采用 2px）。

（4）提供两种版本的 tab 图标：提供选中和没有选中两种状态下的不同图标。一般来说，填充的图标用于选中。

（5）在 tab 上不要使用文字；如果需要显示文字，建议在下方与图标一致的位置。自定义图标尺寸如下表。

项目	导航条或工具栏图标尺寸	选项卡图标尺寸
推荐值	75 px × 75 px (25 pt × 25 pt @3x)	
	50 px × 50 px (25 pt × 25 pt @2x)	
最大值	83 px × 83 px (27.67 pt × 27.67 pt @3x)	144 px × 96 px (48 pt × 32 pt @3x)
	56 px × 56 px (28 pt × 28 pt @2x)	96 px × 64 px (48 pt × 32 pt @2x)

4. 静态启动画面（Static Launch Screen Images）

设　　备	纵向尺寸	横向尺寸
iPhone 7 Plus, iPhone 6s Plus	1 080 px × 1 920 px	1 920 px × 1 080 px
iPhone 7, iPhone 6s	750 px × 1 334 px	1 334 px × 750 px
iPhone SE	640 px × 1 136 px	1 136 px × 640 px
12.9-inch iPad Pro	2 048 px × 2 732 px	2 732 px × 2 048 px
9.7-inch iPad Pro, iPad Air 2, iPad mini 4, iPad mini 2	1 536 px × 2 048 px	2 048 px × 1 536 px

5. 系统图标（导航条和工具栏图标）

图　　标	按钮名称	功　　能
	Action	Shows a modal view containing share extensions, action extensions, and tasks, such as Copy, Favorite, or Find, that are useful in the current context
	Add	Creates a new item
	Bookmarks	Shows app-specific bookmarks
	Camera	Takes a photo or video, or shows the Photo Library

附录 A　用户界面要素

续表

图　标	按钮名称	功　　能
Cancel	Cancel	Closes the current view or ends edit mode without saving changes
	Compose	Opens a new view in edit mode
Done	Done	Saves the state and closes the current view, or exits edit mode
Edit	Edit	Enters edit mode in the current context
	Fast Forward	Fast-forwards through media playback or slides
	Organize	Moves an item to a new destination, such as a folder
	Pause	Pauses media playback or slides. Always store the current location when pausing, so playback can resume later
	Play	Begins or resumes media playback or slides
Redo	Redo	Redoes the last action that was undone
	Refresh	Refreshes content. Use this icon sparingly, as your app should refresh content automatically whenever possible
	Reply	Sends or routes an item to another person or location
	Rewind	Moves backwards through media playback or slides
Save	Save	Saves the current state
	Search	Displays a search field
	Stop	Stops media playback or slides
	Trash	Deletes the current or selected item
Undo	Undo	Undoes the last action

6. 系统图标（Tab Bar 图标）

图标	按钮名称	功　　能
	Bookmarks	Shows app-specific bookmarks
	Contacts	Shows the person's contacts
	Downloads	Shows active or recent downloads
	Favorites	Shows the person's favorite items
	Featured	Shows content featured by the app
	History	Shows recent actions or activity
	More	Shows additional tab bar items
	Most Recent	Shows the most recent items
	Most Viewed	Shows the most popular items
	Recents	Shows content or items recently accessed within a specific period of time
	Search	Enters a search mode
	Top Rated	Shows the highest-rated items

7. 系统图标（Quick Action 图标）

图标	按钮名称	功　　能
	Add	Creates a new item
	Alarm	Sets or displays an alarm

用户界面要素　**附录 A**

续表

图　　标	按钮名称	功　　能
	Audio	Denotes or adjusts audio
	Bookmark	Creates a bookmark or shows bookmarks
	Capture Photo	Captures a photo
	Capture Video	Captures a video
	Cloud	Denotes, displays, or initiates a cloud-based service
	Compose	Composes new editable content
	Confirmation	Denotes that an action is complete
	Contact	Chooses or displays a contact
	Date	Displays a calendar or event, or performs a related action
	Favorite	Denotes or marks a favorite item
	Home	Indicates or displays a home screen. Indicates, displays, or routes to a physical home
	Invitation	Denotes or displays an invitation
	Location	Denotes the concept of location or accesses the current geographic location
	Love	Denotes or marks an item as loved

续表

图标	按钮名称	功　　能
✉	Mail	Creates a Mail message
📍	Mark Location	Denotes, displays, or saves a geographic location
💬	Message	Creates a new message or denotes the use of messaging
⏸	Pause	Pauses media playback. Always store the current location when pausing, so playback can resume later
▶	Play	Begins or resumes media playback
🚫	Prohibit	Denotes that something is disallowed
🔍	Search	Enters a search mode
⬆	Share	Shares content with others or to social media
🔀	Shuffle	Indicates or initiates shuffle mode
○	Task	Denotes an uncompleted task or marks a task as complete
⦿	Task Completed	Denotes a completed task or marks a task as not complete
🕒	Time	Denotes or displays a clock or timer
⬇	Update	Updates content